梦 的
答 案 之 书

DREAM

王溢嘉

著

台海出版社

图书在版编目（CIP）数据

梦的答案之书 / 王溢嘉著 . -- 北京：台海出版社，
2021.6
ISBN 978-7-5168-2979-0

Ⅰ . ①梦… Ⅱ . ①王… Ⅲ . ①梦—精神分析 Ⅳ .
① B845.1

中国版本图书馆 CIP 数据核字（2021）第 071328 号

著作权合同登记号 图字：01-2021-2028
作品原名：《夜间风景——梦》
作者：王溢嘉
项目合作：锐拓传媒 copyright@rightol.com
本书由作者王溢嘉授权北京乐律文化有限公司在中国大陆地区出版其中文简体字平装本版
本。该出版权受法律保护，未经书面同意，任何机构与个人不得以任何形式进行复制、转载。

梦的答案之书

著　　者：王溢嘉

出 版 人：蔡　旭　　　　　　　　　封面设计：昇一设计
责任编辑：赵旭雯

出版发行：台海出版社
地　　址：北京市东城区景山东街 20 号　邮政编码：100009
电　　话：010 — 64041652（发行，邮购）
传　　真：010 — 84045799（总编室）
网　　址：www.taimeng.org.cn/thcbs/default.htm
E - m a i l：thcbs@126.com

经　　销：全国各地新华书店
印　　刷：旭辉印务（天津）有限公司
本书如有破损、缺页、装订错误，请与本社联系调换

开　　本：880 毫米 × 1230 毫米　1/32
字　　数：185 千字　　　　　　　　印　　张：11
版　　次：2021 年 6 月第 1 版　　　印　　次：2021 年 6 月第 1 次印刷
书　　号：ISBN 978-7-5168-2979-0

定　　价：59.80 元

自序

梦是一封写给自己的心信

人一生当中，有三分之一的时间用来睡眠，而睡眠中有五分之一的时间则是在做梦，换句话说，梦代表了"十五分之一的人生"。

梦是有别于清醒与睡眠的"第三类意识"；是不同于真实存在的"第二种存在"；当然也是"另一种人生"。对于这"另一种人生""第二种存在""第三类意识"，自古以来即有很多不同的诠释，但就像对真实人生的看法般，派别虽多，仍不外乎唯灵、唯心与唯物这三种立场。

唯灵梦观认为经由"第三类意识"的运作，我们可以获得天启、神谕之类的"第三种知识"；而唯心梦观则认为在梦这"第二种存在"里，隐藏了我们"迷蒙的心事"；唯物梦观则认为梦是大脑这部资讯处理机的暂时性"死机"，所谓"另一种人生"是"脑细胞不完全活动的产物"。

这三种梦观都各能解释部分的梦境，但也都有所不足。我在撰写本书时，将自己的身份定位为"夜间风景区的导游员"，既然是"导游"，理当兼容并蓄，所以对这三种梦观我都"忠于职守"地做了恰如其分的介绍。但导游也是人，既然是人，就难免会有私心或意识形态的作怪，所以我也必须承认，我对唯心梦观做了"比较多"的介绍。除了唯心梦观的素材较多外，我还有一个比较冠冕堂皇的理由：我认为唯心梦观是一种"人本主义的梦观"。唯灵与唯物梦观虽然南辕北辙，但都给人"人在梦中，身不由己"的感觉。

也许你会说，"人在梦中"本来就是"身不由己"。但以精神分析为代表的唯心梦观，则提出了潜意识及梦运作的诸般理论，并尝试找出主导荒谬梦境的合理梦思，重新揭示梦的"自主性"与"意义性"。它告诉你，在暗夜的"心灵电影院"里，你不仅是"演员"兼"观众"，更是"编剧"兼"导演"，只是你对这种编导艺术一向感到陌生而已。美国文豪爱默生曾说："巧人读梦，以了解自我。"但要了解自我，恐怕得先了解自己这种奇异的"梦幻编导能力"。

与其说梦是"脑细胞不完全活动的产物"，或"神灵带给我们的启示"，不如说它是一封写给自己的"心信"，或我们"心灵的魔幻写实作品"。它的含意有待我们以慧心去参透。

但就像所有的艺术作品，梦的诠释或者含意都不是唯一的。解释它，主要是为了丰富我们真实人生的样貌。这也是我撰写本书的目的。

王溢嘉

第二篇　第三类思维：梦的构成

第三篇 释梦的艺术：梦型介绍

第四篇　　释梦的艺术：梦剧解析

第五篇　异质的风景：梦与灵异

第六篇　　梦醒之后

01

第二种存在：
梦观与观梦

第一章
古今中外的十大梦观

梦是"另一种人生"

"风雨萧萧已送愁，不堪怀抱更离忧。故人只在千岩里，桂树无端一夜秋。把袖追欢劳梦寐，举杯相属暂绸缪。觉来却是天涯客，檐响潺潺泻未休。"

这首《梦山中故人》是由南宋大儒朱熹所写，诗中描写了迷离的景致，充满了感伤的情调。从这首诗中，我们能看到迥异于《朱子集注》里的朱熹，也许是因为他乍从梦中醒来，内心深处骚动的情感未息，才使我们得以从他自然流露的字里行间，瞥见了另一个朱熹。

有人说"人生如梦"，也有人说"梦如人生"。这两种说法其实都似是而非，因为梦原本就是人生的一部分，但却又不同于真正的人生，所以我将它称为"另一种人生"。

对于"另一种人生"，古往今来的智士达人，有的漠视、有的赞叹,但最奇特的莫过于庄子。庄子在《齐物论》里说,他有一天梦见自己变成蝴蝶,在空中快乐地飞翔,物我两忘,最后竟不知道是庄周梦见蝴蝶?还是蝴蝶梦见庄周?

无独有偶,西方的荣格(C.G.Jung,分析心理学之父)也有过类似的梦境。有一天他梦见自己走到一间庙宇前,看到一个高僧在廊下闭目打坐,梦中的荣格觉得高僧若张开眼睛,自己就会消失。

蝶欤?周欤?高僧乎?荣格乎?东西方的两大哲学家在相异的时空下,不谋而合地在梦中体悟到人与宇宙万物间最奇妙的纠葛。

如果上帝存在,而且会做梦,那么尘世的一切,也许只是上帝的梦境。当上帝醒来时,我们恐怕就将如泡沫般消失吧?

夜间风景区的导游员

个人所能做的是"趁上帝尚未醒来之前",带领各位穿越那睡与醒的模糊边境,进入"夜间风景区",去探寻"另一种人生"的奥秘。

就像一个称职的导游,必须先交代古迹的历史、名胜的地理般，作为一个"夜间风景区的导游员"，我想先介绍古往今来的梦观。据我的理解，古今中外的梦观虽多，但不外下列十大派别：

源远流长的魂游派

魂游派：很多民族都认为，做梦乃是"灵魂的出游"，这也可以说是最古老的梦观。远古人类在还未具有"自我意识"之前，就已开始做梦（甚至在还没有进化为"人"以前，就有做梦的现象）。当第一个人类"意识"到他在入睡后所做的梦时，他惊奇地发现，在梦中他居然能和已经死去或不在身边的人见面。这些梦使他相信，人除了有肉体生活外，还有灵魂生活，出现在梦中的是那些人以及自己的"灵魂"。

哲学家尼采说："梦是所有灵魂信仰的起源。"在我国的古诗词里，"魂梦""梦魂"经常联用，而在古典小说的绘图里，也以灵魂从入睡者的头顶冒出，来表示在做梦，这些可以说都是此一古老观念的遗迹。

某些原始民族，譬如英属新几内亚的基瓦巴布人（Kiwai Papuans）依然相信，一个人在入睡后无法醒来，是因为巫师施法捉住他出游的灵魂所致。

人们将做梦视为"灵魂出游"，会经常造成现实人生与梦人生相互渗透。譬如非洲赤道附近的一个酋长，梦见自己到葡萄牙和英国旅行，第二天早上醒来，他就换穿欧洲款式的衣服，好像他刚从欧洲旅游归来一样，而他的朋友也都会像欢迎游子般，纷纷向他道贺。同样地，一个切罗基族印第安人（Cherokee Indians）若梦见自己被蛇咬伤了，虽然第二天醒来，身上根本没有伤口，但他还是要在梦中被咬的部位敷药治疗，好像他真的被蛇咬到一样。

这种观念也引来一些道德上的疑义。譬如曾有一个印第安人控告某传教士"偷他的南瓜"，虽然他的南瓜还好端端在田里，而那位传教士也远在三百多公里外，但就因为他梦见传教士偷了他田里的南瓜，所以他坚持控告传教士必须为他的"灵魂"所犯的偷窃罪负责。非洲的阿散蒂人（Ashanti）也认为，一个男人如果梦见与别人的太太发生性关系，那他就犯了我们平常所说的通奸罪，因为他的灵魂和别人太太的灵魂"通奸"。

还好"魂游派"已经式微，否则将使我们平白增加很多人生的负担。

神明指示的天启派

天启派：认为梦是"天"——包括神、鬼等超自然力量带给人们的讯息，亦是一种古老的梦观。它跟前述的"魂游派"有相当大的交集。古埃及人对梦的看法，可视为此派的代表，他们认为神在梦中扮演三种角色：1.要做梦者在梦中忏悔赎罪；2.对做梦者即将来临的危险提出警告；3.解答做梦者所提出的问题。

因为"天启"常是隐晦难解的，因此，"占梦"成了一项重要的专业工作，而"天"又喜欢和尊贵的人打交道，所以国君、大将的梦就显得特别有"意义"。法老的朝中就设有专门为他解梦的先知，约瑟（Joseph）对法老"七只牛"之梦的解释（详见第三章），在历史上就是一个很有名的例子。

一般老百姓也可以获得"天启"，但需到供奉梦神的神庙中过夜"祈梦"，然后由庙中的祭司解梦。这一祈梦仪式，在古罗马，发展成一种高度的艺术，到公元二世纪时，罗马帝国境内，香火鼎盛的祈梦神庙超过三百间。

中国也有这种观念和传统，周朝设有"占梦之官"，"占梦，中士二人，史二人，徒四人""观天地之会，辨阴阳之气，以日月星辰占（国君）六梦之吉凶"（见《周礼》）。早期的史书，如《左传》《史记》里，也都载有很多这种占梦史实；另外，在《茶余客话》《秋灯丛话》等明清笔记小说里，则载有民间百姓到神庙，甚至到墓地祈梦的故事（见第六章）。时至今日，你要祈梦，也可以到位于台湾省台北市木栅指南山一带的指南宫（俗称"仙公庙"）去"圆仙梦"。

扑朔迷离的超感派

超感派：此派可以说是取"魂游派"与"天启派"而代之的现代流派。很多古籍记载及现代报告都指出，有不少人在梦中"目睹"了亲人的危难、远方的景物、即将发生的事情等，结果噩梦或美梦居然成真，栩栩如生的梦境和后来的现实景况几乎如出一辙。此派认为这种现象并非灵魂的经验或神明的启示，而是来自神秘的"超感官知觉"（ESP）。

ESP 包括心电感应、超视、预知等，是一个范围广，却混沌不清、有待开发的"科学处女地"，而梦被认为是呈现这些神秘能力的最佳时刻。

现在世界各地有不少"梦研究室"及"超心理学实验室"在从事这方面的研究（在"梦与灵异"里会有详细的介绍），

虽然迄今为止，科学尚难以"充分证明"这种超能力的存在，但国外的民意调查显示，有一半以上的人"相信"或"自己有过"诸如此类的梦。

以上这三个派别可以统称为"唯灵梦观"，因为它们多少都具有灵异的色彩，都认为作为"另一种人生"的梦，可以让人经由"另一种途径"获得"另一种知识"。

昼想夜梦的日思派

日思派："日有所思，夜有所梦。"这一派认为，夜间的梦境主要是白日经验想法的延续，因为梦中的思维不像白日那样有条理、缜密，所以显得较荒唐离奇，但根据晚上的梦境大概可以推想当事者白天的思想活动，譬如孔子会梦见周公，而庄子会梦见蝴蝶，是因为他们不同的思维特色使然。多心、多欲、多扰的人多梦，而一个心如止水、静观自得的人则很少做梦，甚至不会做梦（至人无梦）。

中国人很早就有这种观念，譬如《列子》一书上即说："神遇为梦，形接为事。故昼想夜梦，神形所遇。故神凝者想梦自消。"明朝的唐顺之还特别提出类似于精神分析"自由联想"的观念。

梦不只是白天想法的延续而已，还经常在我们既有的"记忆思想库"里跳接，譬如你白天看到野姜花，晚上却梦见小学同学，那是因为野姜花使你想起以前就读学校附近的花草，而学校又使你想起了小学同学。只要你认真去找，在多数的梦中，你都可以找到与近日经验及想法有"直接"或"间接"关系的素材。"日思派"其实也是最常被人所接受的一种梦观。

欲望改装的情结派

情结派：这一派以弗洛伊德的精神分析学说为代表。弗洛伊德认为，梦不只是白天经验及思维的"重组再现"，它另有目的，主要是满足我们的愿望。譬如唐代传奇小说《枕中记》里落拓的卢生梦见自己平步青云，或是饥肠辘辘的南极探险队员梦见满桌的山珍海味，都明显具有"愿望达成"的色彩。而且一些看似平淡无奇或杂乱无章的梦，若加以分析，则可看出它们其实也都是经过"改装"的愿望达成之梦。

弗洛伊德以"潜意识"的理论来解释梦，他认为梦是潜意识心灵的反映，而潜意识所遵循的是非理性的"原本思考法则"。这种思考特色构成了梦境的光怪陆离，同时也隐藏了做梦者真正的意图，但若能了解潜意识运作的方式，将之"解码"，即可找出梦的"隐意"或"梦思"。而这些"梦思"通常是做梦者在现实生活中难以实现的愿望，或为道德意识所不容许的欲望。这些愿望或欲望又与当事者在成长过程中所累积的"情结"有关。譬如一位男士梦见"自己牵着母亲的手上下楼梯"，"上下楼梯"是"性交"的象征，因此这个梦泄露了做梦者在潜意识里的"恋母情结"，它是白天的意识心灵所无法觉察或加以否认的。

其实，早在两千多年前，希腊先哲柏拉图就已说过："当理性、人性及统治力量熟睡时，人们会犯下各式各样的恶行及罪恶——甚至乱伦或不合自然原则地苟合，或杀父，或吃禁止食用的东西——这些罪恶，在人有羞耻心及理性的伴同下时，是不会去犯的……甚至好人也都具有不受法律管辖的野兽天性，会在睡梦时暴露出来。"弗洛伊德将这种"非理性的罪恶"称为"潜意识的愿望"，并进一步指出它经常有着"乱人耳目的精美包装"。

智慧流露的洞识派

洞识派：此派以荣格的分析心理学为代表。荣格也认为梦是潜意识心灵的反映，但他认为人除了有来自个人经验的"个体潜意识"外，还有"集体潜意识"。"集体潜意识"可以说是来自祖先的共同"精神遗产"或"种族记忆"，它出现在古老的神话中，也再现于今人的夜梦里，所以荣格认为，神话是民族的大梦，而梦则是个人的神话。这些神话般的梦，通常与日常生活经验无关，它的目的也不是要满足我们卑污的愿望，而是要对我们在现实生活里所面对的难题带来启示，或提醒被我们所忽视的一些重要问题。

因为潜意识具有比意识更宽广的视野，能对偏执狭隘的意识产生"补偿作用"，所以梦常表现出潜意识的"洞识力"。荣格和弗洛伊德的差异，就像亚里士多德和柏拉图的不同，亚里士多德认为我们在睡眠时，不仅能"更精确地观察到微妙的身体变化"，而且思维及行动的计划与原则，"比白天时更能清楚地透视它们"。

古往今来，有不少艺术家和科学家（甚至诺贝尔奖得主）在梦中得到"创造灵感"（详见第十章），他们所展现的可以说就是这种"潜意识的洞识力"。

以上三种派别可以统称为"唯心梦观"，它们都认为梦主要是一种"心理运作"。而"情结派"与"洞识派"其实是"日思派"的分殊化与深度化。

知觉扭曲的刺激派

刺激派：认为梦是因为一个人在入睡后，受周遭环境或身体内部器官变化的刺激而产生的，也是一种非常古老的看法。譬如西晋文学家张华所撰的《博物志》里就提到"人藉带眠者，则梦蛇"，入睡后压到长条形的带子就会梦见蛇，这可以说是"外在刺激"引起梦境的范例。亚里士多德也说过"滑入食道的小滴痰"，会使一个人梦见"正在享受蜂蜜或其他甜食"，这可以说是"内在刺激"引起梦境的代表。在中医的典籍里，更以体内阴阳五行之气来解释梦境，譬如《黄帝内经·素问·脉要精微论》一书里说："阴盛则梦涉大水恐惧，阳盛则梦大火燔灼，阴阳俱盛，则梦相杀毁伤……肝气盛则梦怒，肺气盛则梦哭。"

这些看法虽然古老，但也明确指出，不管是外在或内在刺激，都是以"扭曲"甚至"夸张"的方式进入梦中。一些实验证实了这种看法，譬如在睡者进入 REM 睡眠期后，让他床头的闹钟响起来，则他可能会梦见教堂的钟声，或者一辆救火车急驶而过；若将他盖着的棉被拉高，让其两脚露在外面，则他可能梦见自己正走过一条冷冽的溪流；将点燃的蜡烛在他眼前摇晃，则他可能梦见某地方发生火灾。但同样的刺激却会使不同的人在梦中产生不同的景象，而即使是同一个人，在不同的时刻也会产生不同的梦，譬如将蜡烛放在某人（入睡时）的手中，他第一次梦见自己在打高尔夫球，第二次则梦见自己在健身房中举起一根铁棒。

简而言之，此派认为梦是我们因内外刺激而产生的错觉。

无中生有的幻觉派

幻觉派：梦是虚幻的，虽是早已有的看法，但这里所说的幻觉，指的是医学定义里的"幻觉"，也就是脑细胞在特殊情况下自行滋生的影像（幻视）和声音（幻听）。"知觉剥夺"是产生幻觉的一个常见因素，譬如在冰天雪地里的探险家或在外太空的太空人，当外在讯息刺激微弱到几乎为零时，他们就会"看到"某些影像，"听到"某些声音，这是闲不得的脑细胞自行滋生的。睡眠是一种类似"知觉剥夺"的情境，而梦就是"知觉剥夺"下的产物。

位于脑干中的网状结构，就像我们"意识的开关"，当我们想睡时，它就"关掉"某些"频道"，不再去注意传递此间的各种内外在刺激，而使人进入睡眠状态（但有些还是会"突围而入"，成了前述的"刺激派"）。网状结构也像"脑公司办公室"门口的称职秘书，在这个"讯息空档"期间，它会拿出内部的档案资料来加以整理。在它的搜寻下（让上层的神经细胞放电），旧的、新的经验及想象，因贮存它们的神经细胞兴奋而一一出现，而大脑联想区反射电路及本体感受系统的讯息也纷纷出笼，两者掺杂在一起，结果就成了虚中有实、实中有虚的影像，但它们都是脑细胞所滋生的幻觉。

尘埃乱舞的清扫派

清扫派：这一派以克里克（F.Click，他因发现DNA的分子结构而获得诺贝尔奖，后来改行闯进脑神经生理学的领域）为代表，可以说是前述幻觉派的引申。网状结构在睡眠中引起上层神经细胞放电多少是盲目的，克里克进一步指出，这种神经细胞的兴奋是在清扫神经通道时，对"废物资讯"的反学习。它就好像忙碌的医院在下班后，清洁工开始出来清扫走廊一般。人在入睡后，脑干发出刺激，激扬起神经通道上的"尘埃"，这些被激扬起来的"尘埃"在神经通道上"乱舞",前脑将这些"乱舞的尘埃"（不协调的神经讯息）编织成荒谬的梦境，然后自脑中扫除，梦成了我们对这些"废物资讯"的最后一瞥。

因此，克里克认为，梦并非如弗洛伊德所言是"通往潜意识的辉煌大道"，而是"大脑的吸尘器"，做梦并不是要"提醒"当事者什么，而是为了"忘记"。对一再发生的梦境，克里克认为那就好像"神经捕蝇纸"般，沾在神经细胞上的"尘埃"，一如沾在捕蝇纸上的苍蝇，一再奋力地想逃脱，结果就反复被编成同样的梦境。

其实，自古以来，就有不少怀疑论者认为，梦是"人类精力对芝麻小事的无谓浪费"，我们最好"忘记"它。譬如古罗马的哲学家西塞罗（Cicero）就说："梦不具任何光荣或尊崇的性质，让我们拒绝梦……因为它压抑我们的理智能力，而且引诱所有人进入无比的愚昧无知中。"克里克可以说是用脑神经生理学的语汇在说同样的话。

资讯处理的程式派

程式派：这一派以专研"人工智能"的纽曼（T.Newman）及伊万斯（C.Evans）为代表。人脑就像一部高度精密的资讯处理机，它和电脑有很多类似的地方，但也有一些基本的不同。资讯处理机的灵魂是程式，电脑的程式是由人输入的，而人脑的基本程式是蛋白质分子根据DNA（遗传因子）的指令誊写在脑纹上的。但随着资讯的累积及变化，为了应付一些新的情况，需要修改、增删旧有的程式。电脑修改程式，要由人操作，先要暂时中断电脑与外界的联系，然后找出旧程式，由人来做必要的修改、增删。而人脑如何修改程式呢？

纽曼及伊万斯认为，入睡后是人脑"自行修改"程式最适当的时机，因为此时它也与外界暂时中断联系。人脑利用这个时候，叫出原有的程式（个人的行为反应模式），根据最近所发生的情况（生活经验），加以修改、增删，而神经细胞在比对资料、修改程式时的"放电"，有部分被意识心灵所捕捉，它们就成了梦境。

这种看法的佐证之一是，只有较高等的动物（如哺乳类）才会做梦，会做梦的动物，它们的行为也都较具有弹性，也就是说它们可以"修改"遗传基因所规划的"行为模式"（程式），而做梦就是在"修改"这些程式。

以上四个派别可以统称为"唯物梦观"，除了"程式派"外，其他三派都认为梦是"无意义"的。

梦是有意义的吗？

梦的派别繁多，这也表示没有一种派别可以圆满解释那代表"另一种人生"的梦境，我将在下面相关的篇章里，再对各种派别做更深入的介绍，并"因梦制宜"地以不同的派别来解释不同的梦例。在这些派别里，认为"梦是无意义"的虽占少数，但却也有不容忽视的论点；而主张"梦是有意义"的虽占多数，但有不少说法在今日已成为"失去意义"的历史残迹。

梦到底有没有意义呢？这实在是个难以精确回答的问题。但我必须先在这里向读者表白，我会花这么长的时间来写这些文章，显然是认为"梦多少是有意义的"，最少认为"梦是相当有趣的"。

"意义"是个"哲学"问题，而非"科学"问题，说梦"毫无意义"或"做梦是为了遗忘"，即使其中含有部分残酷的真实性，但却让人难以接受，因为这就好像在说"人生毫无意义"或"出生是为了死亡"般。梦就像真实人生一般，它有没有意义，我们只有走到最后才知道。希望这本探讨"另一种人生"的书，能帮助你找到你想要的答案。

第二章
梦周边的科学观察

来自梦实验室的报告

梦的意义虽是个哲学问题，而非科学问题，但就像要解答真实人生的诸般问题，我们常需仰赖科学提供很多重要的背景资料般，科学对"另一种人生"的解释，也有同样的助益。人类从事梦的解析已有三千多年的历史，但对梦做科学观察则只有几十年的时间。以前的释梦者虽然能舌灿莲花，但若问他们某些基本的问题，譬如："一个人到底花多少时间来做梦？"他们的舌头可能就会打结。这不是他们不想或不愿回答，而是"不能"回答，因为他们缺乏对梦做科学观察的适当工具。

"工欲善其事，必先利其器"，只有当记录脑部活动的脑电图仪（EEG）问世后，人类才有可能对梦做有系统的科学观察。一九五三年，克莱特曼（Kleitman）等记录正常人在整个睡眠过程中的脑电波变化时，发现在睡眠中的某些时段，睡者的眼球会持续急速而不规则地转动（Rapid Eye Movement，REM），而且在脑电图仪上出现特殊的脑电波变化。若于此时段唤醒睡者，则睡者常报告刚刚做了一个鲜明的梦，这是人类对梦做有系统的科学观察的开端。

几十年来，世界各学术的"睡眠研究室"或"梦实验室"在脑电图仪的协助下，累积了不少观察心得，也回答了某些存在已久的问题。从"意义"的观点来看，它们也许只是枝节的、周边的，但对于这些想对夜间风景区做"深度旅游"的人来说，却是在行前必备的参考资料。下面我们就以问答的方式逐条述之。

梦里人生占多少人生？

一般人常认为我们夜间的睡眠是由浅睡变为深睡，然后再由深睡变为浅睡，并在早上完全清醒过来，但用脑电图仪追踪，人们却发现事实并非如此。在七八个小时的睡眠中，有四个或五个周而复始的周期性变化，每一周期都含有四个阶段，由浅睡逐渐进入深睡。

在一个周期结束，而要进入另一个周期时，脑电波会出现以低振幅、非同步化电活动为主的图样，同时伴有：1. 眼球快速转动；2. 呼吸速率变得不规则；3. 脉搏不规则；4. 血压升高；5. 肌肉紧张度降低；6. 脑温及代谢率提高；7. 男性阴茎勃起、女性阴蒂勃起。

若在这个时候叫醒睡者，有 60% ～ 90% 的人说他们正在"做梦"。因此这一时段就被称为"异相睡眠期""REM 睡眠期"（眼球快速转动睡眠期）或"做梦期"。

睡眠周期比较规则，以九十分钟至一百分钟为一周期，换句话说，"做梦期"每隔九十分钟至一百分钟出现一次，一夜会出现四次到五次。第一次的 REM 睡眠期最短，通常少于十分钟，但越后面则越长，最后一次的 REM 睡眠期可长达四十分钟（醒来之前所做的梦通常最长）。

四个到五个 REM 睡眠期合计约有九十分钟，占整个睡眠时间的 20% ～ 25%。因此，我们可以"科学"地说，我们一夜最少做四个梦，一年做一千五百个以上的梦，一生则将做十万个以上的梦。人生的三分之一用来睡眠，而睡眠的五分之一则用来做梦，所以梦是我们"十五分之一的人生"。

但这也只是一种"粗略"的说法，因为研究也显示，并非所有的梦都发生在 REM 睡眠期，若在非 REM 睡眠期叫醒睡者，约有 10％ 的人会说正在做梦，但梦的情节较单调；富有情节变化的梦大多发生在 REM 睡眠期。

"至人"真的能"无梦"吗？

有少数人说他们很少做梦，甚至从不做梦。在古书里，也有清心寡欲、人格完美的"至人"不会做梦的说法。譬如《列子·周穆王》："古之真人，其觉自忘，其寝不梦。"但这可能是一种"想当然"的理想状况。科学家曾将一群自称"一个月做梦少于一次"的人带进睡眠实验室，在他们的脑电图出现 REM 睡眠期时，将他们叫醒，结果有 54％ 的人报告说他们"正在做梦"。可见他们不是"少梦"或"无梦"，而是以"想不起来"居多。

哈特曼（E.Hartmann）等人的研究显示，当人的生活充满压力、焦虑及挫折时，不仅"需要睡眠"的时间会增加，REM 睡眠期也会延长，也就是需做更多的梦。譬如有些妇女有所谓的"月经前紧张症"，在月经来临前情绪较不稳定，会焦虑不安、暴躁、郁闷。此时，她们需要较长时间的睡眠，但增加的量不是很多，增加较多的反而是 REM 睡眠期（做梦期）的比例，这显示她们似乎需做更多的梦来"反映"或者"应对"因情绪不稳带给生活的压力。另外，从事"超觉静坐"（TM，类似打坐）的人，他们的 REM 睡眠期也会减少，"内心的宁静"似乎可以使人较少做梦。

但"较少做梦"并不等于"不必做梦"。如果剥夺睡者的 REM 睡眠期——利用脑电图仪侦知睡者在进入 REM 睡眠期时就将他唤醒，也就是说只让他"睡觉"，而不让他"做梦"，则受测者在醒来后反而会有心神不宁、焦虑不安、容易冲动的倾向。如此持续一个星期，再让他安安稳稳地睡觉，则 REM 睡眠期的比例会从原有的 20% 增加到 30% ～ 40%，且要持续数天才会恢复正常，好似要"补做"前几晚没有做的梦。

这个"梦剥夺"的实验似乎告诉我们，人"必须"做梦，最少，必须有 REM 睡眠期。

梦的回想力和人格有关吗？

虽然我们一生至少做十万个梦，但绝大多数的梦却只是"泥上偶然留指爪，鸿飞那复计东西"——被我们忘得一干二净。我们之所以忘掉绝大多数的梦，主要是因为"时间"因素。睡眠研究室的实验显示，在 REM 睡眠期刚结束时叫醒睡者，大多数人能"回想"起刚刚所做的梦，但如果在 REM 睡眠期结束后十分钟才叫醒他们，则绝大多数的人已"忘记"他们所做的梦。在自然的情况下，我们所记得的通常是早晨醒来前所做的梦，或在半夜惊醒前所做的梦（它们通常具有相当的"情绪负荷"，所以使我们从梦中醒来）。

人们觉得自己"多梦"或"少梦"，主要来自梦的"回想力"，而梦的"回想力"除了与上述的时间因素相关外，还与"人格""思考方式"多少也有些关系。譬如德门特（A.J.Dement）等人的研究显示，"内向性格"的人较容易想起自己所做的梦，而"外向性格"的人则反之。这可能是因"内向性格"的人较专注于自己内心世界的关系。

胡德森（L.Hudson）则先将人类的思考模式分为两大类型：一类是"聚合性思考"，意指运用逻辑推理能力，从许多种现象中找出一种结论的思考模式，它常见于科学工作者；另一类是"分歧性思考"，意指运用想象力，从一种现象中看出多种可能的思考模式，它常见于艺术工作者。研究显示，在 REM 睡眠期后叫醒"聚合性思考型"的睡者，他们较少报告（回忆起）他们正在做梦，即使正在做梦，梦境也较不生动鲜明。而"分歧性思考型"的睡者，则能回想起较多、较活泼生动的梦。

胡德森教授经过更仔细地观察，发现一个更有趣的现象。原来 REM 睡眠期还可再细分成两个阶段：在眼球快速转动的过程中，眼球会暂时停顿片刻（好似在凝视什么东西），然后再转动。眼球的快速转动与暂时停顿分别称为 REM—M 期与 REM—Q 期。胡德森教授认为，REM—M 期是梦的"原发性视觉经验"阶段，就好像做梦者在自己的"心灵电影院"内看电影，对浮现在"意识银幕"上的光怪陆离的画面"目不暇接"般。而 REM—Q 期则是梦的"续发性认知校正"阶段，就好像做梦者暂时"闭上眼睛"，尝试对刚刚所看到的光怪陆离的画面赋予一个合理的架构般。

胡德森发现，"聚合性思考型"的人，对 REM 睡眠期梦境的回想力虽然较差，但却有着较长、较多的 REM—Q 期。也就是说，即使在睡梦中，他们仍尝试发挥他们的逻辑推理能力，将梦中光怪陆离的画面"整合"成一个"合理的故事"，从混乱中找出秩序来。这也许是他们所"记得"的梦都较"有条理"的原因。反之，"分歧性思考型"的人，虽然梦中有较多栩栩如生的画面，但却较少有连贯性，而充满了荒谬性。

婴儿也会做梦吗？

如果说 REM 睡眠期的出现，是代表一个人在做梦，那么还不会说话的婴儿也会做梦，因为他们不只有 REM 睡眠期，而且比例比成人要多出甚多。

脑电波检查显示，新生儿在出生的头几周，REM 睡眠时间占所有睡眠时间的 55% ～ 80%；婴儿阶段（一岁以内），REM 睡眠期虽急速缩短，但仍占睡眠时间的 30%。到五岁左右，才接近成人的比例，即约占所有睡眠时间的 20%。到了中年以后，REM 睡眠的时间就开始越来越少，它应验了一句俗语："年轻人生活在梦中，老年人则生活在无梦的回忆中。"REM 睡眠的时间确实与一个人的年纪成反比。

但此一观察结果，也使得唯心梦观的"情结派"与唯物梦观的"清扫派"都为之语塞。我们很难想象才出生没几天仍像一张白纸的新生儿，心中有什么"难解的冲突"，或脑中有什么"堆积的垃圾"，而使他们必须花这么多时间在"做梦"上。

迪万（E.Dewan）等人对胎儿脑电图的研究更显示，还在母亲子宫内尚未出生的胎儿，其 REM 睡眠期脑电波图像所占的比例更高，在妊娠二十四至三十个星期时，几乎高达百分之百。我们可以确定，此时胎儿并未"意识"到我们所理解的"梦中影像"。这个发现有助于厘清 REM 睡眠与梦的关系：REM 睡眠代表的可能是脑细胞的一种特殊活动，而"梦"则是意识心灵对此的局部捕捉。

蝴蝶会梦见庄周吗？

科学地说，"不会"。当然，有人可以用典型的"庄子逻辑"狡辩说："你又不是蝴蝶，怎么知道蝴蝶不会梦见庄周？"但这是一个科学问题，而非哲学问题。蝴蝶不可能梦见庄周，因为蝴蝶不会做梦，它们没有 REM 睡眠期。

动物的睡眠研究显示，几乎所有的哺乳类动物如猴子、狗、猫、老鼠、大象等，都有 REM 睡眠；某些鸟类也有 REM 睡眠，但爬虫类则几乎没有 REM 睡眠。由此可知，REM 睡眠是动物进化到相当高的阶段后，才出现的一种脑部活动。

但我们怎么知道猫狗等动物在 REM 睡眠中，是否经历了如人类一般的梦境呢？二十世纪六十年代，法国的神经生理学家乔维（M.Jouvet）曾做了一个实验：他发现脑干下部有一小丛细胞会抑制动物在做梦时的身体活动，于是他破坏猫脑中的这些细胞，结果发生了奇妙的现象：当这些猫进入REM 睡眠期时，会从睡梦中站起来，发出嘶嘶声，脚爪朝空乱抓，或者是接近想象中的猎物。乔维的结论是，猫的这些动作可能就是其"梦中景象"的活动化。

梦里人生是否比真实人生来得快速？

在有名的唐代传奇小说《枕中记》里，卢生客居邯郸旅店，借道士瓷枕小寐，一入梦乡便迎娶名门淑媛，第二年进士及第，此后平步青云，历任文武官职，出入中外，在官场浮沉了五十多年。大梦醒来，旅店主人的黄粱还未煮熟。

国外也有类似的事，法国人莫里（A.Maury）说他有一晚梦见自己置身于法国大革命的恐怖时期，目睹革命的各种残暴和成就，和很多人士交换时局的意见。然后自己被判死刑，装在囚车里游街示众，最后被送上断头台，在刀落头下的瞬间，他从梦中醒来，才发现床头的横栏卡在自己的颈背上。这可以说是外在刺激产生梦境的一个典型范例，但莫里想说的是在"真实时间"里，床栏卡在颈背的时间很短，而在"梦时间"里，他却仿佛经历了多年的岁月。

这两个故事似乎都在传达"人间方一刻，梦中已数年"

的观念。虽然很多人有这种看法，但事实并非如此，最近几年人们对做清醒梦的人（lucid dreamer，即在梦中知道自己是在做梦的人，详见第十一章）的研究显示，在梦中完成一件事所需的时间，跟现实生活中是差不多的。我们之所以会觉得梦"快如闪电"，主要是因为梦只呈现主要的片段，就好像电影一般，在短短的时间内可以演完一个人的一生。

盲人的梦有什么内容？

梦的内容以视觉影像为主，天生的盲人终生没有过视觉经验，他们是否也会做梦？做的又是什么梦？这一直是让人感到好奇的问题。

为了回答这个问题，心理学家福尔克斯（D.Foulkes）研究六位天生目盲，或是原来有过正常的视觉经验，但因病及意外而失去视觉者，让他们在睡眠实验室里装上脑电图仪睡觉，当脑电图显示 REM 睡眠期结束后不久，即叫醒他们，请他们描述刚刚的体验。结果显示，盲人也会做梦。不同的是，他们以日常知觉世界的方式——听觉、触觉等来编织梦境。

盲人的梦，也可和一般人的"视觉梦"一样生动，只是方式不一样而已。譬如一个天生的盲人做了一个家人小聚的梦，下面是他的描述："有人在那里用吹风机吹头发，洗衣机响个不停，水一直在流。我则坐在厨房的餐桌旁，桌上摆着一堆木片，我将木片一块块拿起来。"

后天性盲者的梦变化较多，这些盲人仍能回忆起曾经有过的视觉经验，从而使他们的梦中充满影像。有一个盲人就做了一个在朋友家院里和一群人野餐的梦，虽然她可以栩栩如生地"看"到梦中的人、景物，但这些人和景物都是她未丧失视觉前所没有见过的，显然是她根据过去视觉经验中的素材"创造"出来的。

梦是彩色的还是黑白的？

根据英国的一项调查，有 59% 的女性和 53% 的男性，报告说他们的梦经常是彩色的。

但除非十分特殊，否则多数人通常不会特别去注意梦中的景物颜色。有人认为梦只是"概念的影像化"，譬如梦见"火"，火的"概念"是要强过火的"颜色"的。对颜色的敏锐意识因人而异，据调查，从事绘画或图案设计的人，做彩色梦的机会较多，这可能表示，他们对色彩的意识较强烈。

对会产生视觉障碍的脑瘤病人的研究显示，彩色视觉的丧失比黑白视觉的丧失较先出现，也较后复原，这似乎表示，负责彩色视觉的神经通路比负责黑白视觉的神经通路较易受阻。有些人说他们从未做过彩色的梦，也许是在睡梦中，负责彩色视觉的神经通路未受"活化"的关系（但并不表示有什么病变）。

"梦中学习"是怎么一回事？

赫胥黎（A.Huxley）在他的《美丽新世界》里，曾提到"睡眠教学法"：在孩子入睡后，以反复播送的录音带，向他们灌输当政者所主张的意识形态，同时也让他们学习一些常识性的东西。

在几十年前，也曾流行过类似的"睡眠教学法"，其出发点是，认为人既然在睡眠中仍能部分接收外在讯息，脑细胞也在活动中，那么与其将时间"浪费"在做梦上，不如学习些有用的东西。

一九四二年，利珊（Le Shan）为了纠正儿童的咬指甲习癖，在有此习癖的儿童入睡后，以"我的指甲尝起来真苦！"的录音带反复播送给他们听，结果在听了很多次后，有40%的儿童不再有咬指甲的习癖。这似乎显示"睡眠学习"有它的功效。但后继的一些实验却显得相当分歧，最主要的是，即使它有部分效果，但当事者却必须付出代价。一个二十七岁的医生曾报告，他在睡眠中通过反复听录音带，来加强意大利文的学习（白天当然也学）。在七个月的学习后，他虽然能翻译意大利文献，但在学习中，他却经常感到头痛、疲劳、感觉过敏，而且有时会在录音带播放时惊醒过来，产生幻觉、焦虑或做噩梦等，反应类似于"睡眠剥夺"或"梦剥夺"的情况。

但从另一个角度来看，REM 睡眠期也许是我们的另一个"学习阶段"。迪万等人曾经研究十八名因脑部受伤而患"失语症"的病人，他们必须重新学习说或了解语文的能力。迪万在评估他们复原的情况时，同时测量他们 REM 睡眠期的时间。结果发现"没有改善"的病人，其 REM 睡眠的比例平均为 13％，而"迅速复原"的病人，平均则在 20％以上。这似乎表示，REM 睡眠期（做梦期）与"消化"我们白天的东西有某种程度的关系。

鸟类有一种特殊的"铭印作用"，譬如小鸭需在出生后的某个关键时刻，看到它的母亲，才会对"母亲的影像"产生"铭印作用"，而表现出跟在母亲屁股后面的行为（如果它在这个关键时刻只看到人，那么它就会把人当作它的母亲，而跟在人的屁股后面跑）。赫斯（E.H.Hess）对野鸭的实验显示，若在小野鸭产生"铭印作用"的关键时刻，给予其某些会抑制 REM 睡眠的药物（如巴比妥盐），则被投药的小鸭就会表现出对母鸭产生"铭印作用"延迟的迹象，好似它们的神经细胞"暂时无法"将母亲的影像"铭印"在脑纹里般。

唯物梦观与唯心梦观的接合点

因为受限于篇幅，我对梦的科学观察就举到这里为止。脑电图仪再发达，也不能让梦境"客观显影"，它仍有赖做梦者的主观陈述。但从以上这些关于梦的资料中，却可以让我们整理出下面这些"有意义"的讯息：

一、较高等的动物都具有 REM 睡眠，它可能代表生物脑某种特殊的"活动"，而梦是"有意识"的心灵对这些活动的局部捕捉。

二、人在生活压力较大或心理冲突较多时，需要较多的 REM 睡眠（做梦），但没有生活压力，也毫无心理冲突的婴儿（甚至胎儿）却需要更多的 REM 睡眠。

三、REM 睡眠可能跟"学习"有关。

从第一章的"程式派"梦观来看，胎儿的 REM 睡眠期脑电波，可能表示脑细胞正根据 DNA 的指令将来自遗传的一些行为反应模式（程式）印在脑纹上，而婴儿的 REM 睡眠期较长，可能表示他正根据白天所接收的外在讯息（一切讯息对他而言都是新的），赶写"尚未完成"的程式。

对成熟动物而言，REM 睡眠期可能是"修改程式"的阶段。爬虫类以下的低等动物，其行为反应模式都相当僵硬，它们根据与生俱来的那一套用一辈子，所以它们没有 REM 睡眠期，也"不必做梦"。老年人较少做梦，多少也表示他们的行为反应模式已经缺少"弹性"。

乔维的猫会在梦中反复演练捕食的行为，是因为对猫来说，这是它生命中相当重要的一件事。它必须根据白天的经验，对原有的程式做一些细节上的修正，或增添一些在特殊情况下适用的小指令。

人是动物之一，在"生物性生存"的层面，也有与生俱来的一些程式。但身为万物之灵，人更重要的是他的"社会性生存"，而这方面的程式是人根据后天经验自行设计出来的，可以说是一种较高级的"心灵程式"或"人格程式"，譬如生命观、人际观、爱情观、金钱观、政治观等。它们比与生俱来的生物性程式更具有可塑性，也更需要随着个人的成长、环境的变迁、经验的累积来做适当的调整。

当我们说梦是"人脑在修改人格程式的局部显影"时，它跟精神分析所说梦"透露了个人成长过程中所累积的情结"，事实上只是语汇上的不同而已。在这里，我们找到了"唯物梦观"与"唯心梦观"的接合点。

唯物的"清扫派"认为，梦是"在清扫神经通道上的废物资讯"，其实这很可能只是"修改程式"中的部分工作——尝试"删除"程式中多余的、不必要的片段。而唯心的"洞识派"认为，梦"能为我们在现实生活里所面对的难题带来启示"，我们可以说这是人的"意识心灵"对"修改程式"的观察心得。

当然，即使对唯物梦观与唯心梦观做了这种整合，仍无法解释所有的梦，但它是我在引导各位进入"夜间风景区"时，所能提供的最有"意义"的参考资料。

02

第三类思维:
梦的构成

第三章
解读梦的象征语言

梦像一封难解的信

《犹太法典》里，有一句话"一个未得到解释的梦，就像一封未拆开的信"。要解释一个梦，确实就像拆开信来读一般，但即使我们将它拆开来，也不一定就懂得它的"意义"，因为这是一封用不同的语言和文法写成的信件。

自古以来，几乎所有的释梦者都认为梦是一种"象征语言"，大部分的梦都不是它表面的意义，而是别有深意，也因此，释梦的工作常成为"解释象征"的工作。我们要了解梦，首先必须先认识它的"语言"。

所谓"象征"，简单说，就是"以某种东西来代表另一种东西"。使用象征，可以说是人类一种近乎本能的心智功能，在神话、诗歌、小说、绘画，乃至宗教、政治、社会活动里，到处可见象征的存在，譬如以太阳象征阳刚、月亮象征阴柔，用国旗代表国家、十字架代表基督教等。

　　梦既是人类的心智活动之一，自然也是有象征的，但人类在解释梦时，似乎更倾向于将它视为一种"浓厚的象征语言"，甚至已到了"走火入魔"的程度。为什么人们喜欢将梦视为一种"象征语言"呢？有的原因很古老，有的很新，先分述如下。

天机不可泄露的象征观

　　源远流长的"天启派"认为，梦是我们获得上天或神灵启示、窥探天机的一个重要途径，而"天机"是"不可泄露"的，它只能以隐晦的方式出现在梦中，让梦者自行去参悟。所谓"梦是神谕"，"谕"就是"象征"的意思，此一梦观使古人特别注重梦中的象征问题。

　　历史上有很多这种解读象征而参透天机的梦例。譬如古埃及的法老梦见"先出现七只健硕的牛，继之有七只瘦弱的牛出现，它们把前面七只健硕的牛吞噬掉"。当时埃及的祭司都无法解答这个谜般的神谕，而约瑟则利用象征法做了如下的解释："牛"是"收成"的象征，"健硕的牛"象征"丰收"，"瘦弱的牛"代表"歉收"，因此这个梦的意思是"埃及在连续七年丰收后，接下来将有七个饥荒的年头，并且这七年会将以前丰收的余粮全部耗光"。根据记载，法老的梦或者说约瑟的解释，后来应验了。

中国也有这种故事，譬如春秋时期，吴王夫差梦见"三只黑狗向着他哭号"，又梦见"煮饭的锅子都不冒蒸气"，当时的释梦者公孙圣据实回答，前者象征"太庙将无人继承"，后者代表"大王您以后不用吃饭了"（代表"死亡"）。夫差听了大怒，将公孙圣杀掉了，但后来他果然被越王勾践打败，亡国灭身。

密码解读的"释梦天书"

在这种观念的笼罩下，各国民间相传下来的"释梦天书"，就好像一本本"解码表"。这些由不同文化所孕育出来的释梦天书有几个共同的特点，第一，它们都像中英对照的字典般，逐一列明梦中的象征与其所象征之物，譬如你梦见旅行，那么只要打开释梦天书，查看"旅行"这个条目，也许就会发现"旅行"代表"死亡"。我国的《周公解梦》就列明了约一千则解梦密码，譬如：梦见"星入怀"，表示"将生贵子"；梦见"扫地除粪"，表示"家欲破"；梦见"齿自落之"，表示"父母凶"；梦见"堂上有棺"，表示"身安乐"；病人梦见"乘船"，表示"必死无疑"；梦见"妇人赤身"，表示"大吉"；梦见"与妇人（性）交"，表示"有邪祟"；梦见"身着孝服"，表示"官禄至"；梦见"骑驴"，表示"将要发财"。

从《周公解梦》中，我们也可看到释梦天书的第二个共同特点，即它们均认为梦中的象征"永远代表其他事物"，象征与所象征之物间的关系，有的是取其形状、发音或意义上的类似，有的则完全相反，有的甚至无规则可寻。

但我们若把两本不同的"释梦天书"拿来对照一下，就会发现一个有趣的现象，譬如中国人认为梦见"与妇人性交"，表示有邪祟，而犹太人（《犹太法典》）却认为梦见"与已婚妇人性交"，表示梦者"可以得救"（若梦见与母亲性交，则表示能得到很多智慧）。虽然都是把梦中直接呈现的性关系解释成与性无关的意义（符合"永远代表其他事物"的特点），但一个是"有邪祟"，一个是"可以得救"，两者意思相差十万八千里。又譬如中国人梦见骑驴是"吉兆"，而印度人却认为是"凶兆"（梦见骑象才是吉兆），可见各民族在解释梦中的象征时，深受其文化背景的影响。

每一种口音都有它自己的梦语

精神分析学家费伦齐（Ferenczi）说："每一种口音都有它自己的梦语。"不同的民族有不同的语言、文字，而各自形成独特的双关语或拆字法。因此，每一种"口音"的族群都有一些无法翻译，让其他民族难以了解的象征法。

《洛中记异录》里有一则记载说，唐高祖李渊要举兵入长安时，梦见自己"身死坠于床下，为群蛆所食"，他醒来后感到很忐忑，悄悄去请教智满禅师。智满禅师听了，立刻向李渊道贺，李渊不解，智满禅师说："死是毙，坠于床是下（也就是陛下——毙下之意），而群蛆附食，指的是万民趋附（蛆附）呀！"李渊听了，自然十分欢喜。但这种解释，只有中国人，而且是有北方口音的中国人才能理解。

除了语音外，字形也会派上用场。清代阮葵生的《茶余客话》里有一则故事说：徐文穆年少时曾到墓地祈梦，结果梦见忠肃公命一武士挖出他的一个眼睛，悬在柱子上，景象恐怖万分，他从梦中醒来，心里忐忑但却又不得其解。后来当了宰相，才自己领悟出那个梦的象征含意，原来将一"目"挂在一"木"边，岂不就是"相"字？

外国也有类似的故事，譬如马其顿王国的亚历山大大帝包围特洛伊城（Tyre Tupos）而久攻不下时，他做了一个梦，梦见一只半人半兽的森林之神 Satyr 在他的盾牌上跳舞。释梦者在为亚历山大大帝解释这个梦时说，Satyr 可以分成两个希腊字，从而得到一个意思 Thine is Tyors（特洛伊城是属于你的！）。

要解释这些梦中的象征，就好像在做"头脑体操"或"猜灯谜"，相当有趣。其实它们牵涉到的不只是"语言"而已，还有"文法"的问题，我们在下面提到梦的文法时，再加以说明。

性——最受压抑，也最需要象征

"情结派"则从心理层面来看"梦为什么需要象征"这个问题。弗洛伊德说："梦利用象征来表达其伪装的隐匿思想"，他的弟子琼斯（E.Johnes）说得更清楚："只有遭受压抑的才会被象征化，也才需要象征。"在所有的隐匿思想中，最受到压抑、最不被意识所容许的是性欲望。因此，精神分析特别注重梦中的性象征，在《梦的解析》中，性象征被提到的种类及次数占最多。下面就是一些例子：

男性性器的象征——长形的物体或器械，如木棍、树干、犁、锤子、手枪、钥匙、匕首、军刀、飞艇等；站立的人或者他的头、手、脚等；男士帽、外衣、领带、雨伞、手杖等衣着；蛇、鱼、蜗牛等动物；小男孩、小弟弟等。

女性性器的象征——各种中空的容器，如箱子、橱子、炉子、房子、船、洞穴、桌子、杯子、花朵等；风景，特别是长着树林的小山等。身体的某一部分，如口、耳、眼睛等。

性行为的象征——上述男性性器的象征放入（进入）女性性器的象征中，譬如钥匙开锁、用枪射破窗户、蛇钻入洞中、茶壶倒水入茶杯中、人走进房子里等。上下或来回地韵律动作，如上下楼梯、爬山、骑马等，也是性行为的象征。

精液的象征——人体的各种分泌物，如黏液、眼液、尿液等。

自慰的象征——把玩上述的性器象征，如擦枪、玩蛇、和小孩子玩或打小孩等。

阉割的象征——砍头、剪发、牙齿脱落、秃头等。

梦中性象征的两个例子

以精神分析的这些象征来释梦，经常会使一些表面上看起来相当无邪的梦，顿时变得"春色无边"。譬如下面这位男士的梦：

"在两个富丽堂皇的皇宫后面一点处，有一个门户闭锁的小屋。太太带我走过通往小路的途径后把门打开，于是我很容易并很快地溜入内部的庭院，那里有个斜斜的上倾。"

在弗洛伊德的分析里，两个皇宫之间的小屋是梦者对布拉格炮台的回忆。在梦者做梦的前一天，一个来自该处的女子到他家拜访，而他当夜就做了这个梦。这是梦的"材料与来源"，但却另有象征，照弗洛伊德的意思，两个富丽堂皇的皇宫象征两臀，中间闭锁的小屋象征肛门，斜斜的上倾象征前面的阴道。因此，这个看似纯洁无邪的梦变成了渴望与那名女子做肛门性交的意愿。在现实生活里，梦者由于顾虑太太而不能实现此意图，但在梦中，则由太太亲自引导他前往。

又譬如下面这位十八岁青年的梦：

"我梦见我和我的女友坐在她家的长沙发上，她突然从我的口袋里掏出一把枪，对准我，她要求我射杀她。我觉得很惭愧，往门口跑去，但她又追了过来。我知道她对我唯一的期盼是要我射杀她，于是我扣了扳机，然后开始放声大笑。"

这个梦比较暧昧的地方是梦者在梦中的"情绪反应"好像和梦境不太协调。美国的精神分析学家霍尔（C.S.Hall）在解释这个梦时说，如果我们承认梦中的"手枪"象征梦者的"性器"，那么梦的隐意就可与情绪反应吻合。女友从"我的口袋里掏出一把枪，要求我射杀她"，真正的意思是女友要求"和我做爱"，由女孩子主动提出这种要求实在是令男人感到"惭愧"的事，被动、害羞的他"惭愧"到夺门而逃，但最后在女友的苦追下，他和她"成其好事"，所以"放声大笑"。

性象征的催眠实验

其实，在文学作品里，我们也经常可以看到类似的性象征。譬如在唐代传奇小说《游仙窟》里，男女主角在调情时不好明说，只好用些性暗示。男主角咏"刀子"说："自怜胶漆重，相思意不穷，可惜尖头物，终日在皮中。"女主角则咏"刀鞘"来应和："数捺皮应缓，频磨快转多，渠今拔出后，空鞘欲如何。""刀子"是男性性器的象征，而"刀鞘"是女性性器的象征，中国人早在弗洛伊德之前一千年，对此就已深刻体会，并娴熟运用。

一九二一年，施罗特医生（K.Schrotter）曾利用催眠暗示让受测者在催眠状态中做梦，以了解梦中的性象征问题。譬如有一位女士接受如下的催眠暗示："你将梦见你和你的男友B君性交，先是正常的方式，然后是不正常的方式，你会忘掉这个暗示，然后以象征的方式梦见它。"

这位女士所做的梦（仍在催眠状态中）如下："那是个星期天的下午，我在等候 B 君的到来，因为今天是他的命名日，我们要庆祝一番。他带一瓶酒来了，酒瓶包在一件外衣里。他要我从柜中拿一个酒杯给他，我抓着杯子递给他。他倒酒出来，我感到害怕，大哭出声，酒杯掉到地上破了，酒洒了一地。我对 B 君弄脏了地毯感到很生气，他安慰我说：'我会赔你，给我另一个酒杯。'于是我拿另一个酒杯给他，他想将剩下的酒倒进杯子里，但在倒出一点后，他却拿走了酒瓶。"

这个"实验梦"似乎印证了弗洛伊德的理论。不必太多解释，读者也可以了解，酒瓶象征男性生殖器，酒杯象征女性生殖器，倒酒的动作象征性交。弗洛伊德在《梦的解析》一书（增订版）里，很高兴地提及施罗特的研究，并说"梦中的性象征似乎已经在实验上予以证实了。"

但即使"证实"了，也并不表示梦中出现前节所说"可疑的东西"，就都有性的含意。譬如"蛇"，在精神分析的"性解码表"里是男性性器的象征，但翻开我国《诗经》却可发现"维虺维蛇，女子之祥"这样的咏颂（妇女梦见蛇虺，是生女儿的祥兆）。因为在中国人的观念里，蛇是住在阴暗地洞里的生物，所以是"阴"的象征，也是"女性"的象征。

又譬如"竹子"，这种长长竖起的东西，精神分析也把它解释成"男性性器"，但在我国，一个人梦见竹子却表示"应当归隐"，因为在中国人的观念里，竹子一向代表着"清高脱俗"。

梦中当然有性象征，但若做"过度解释"，就变僵化了，也背离了弗洛伊德的本意，因为他并不主张"每一个梦都需要做性的解释"。

另一种象征——概念的影像化

在弗洛伊德之前的西伯雷（H.Silberer）曾提出"自动象征"（autosymbolic）的看法，他根据自己的经验，发现在疲倦而想睡的情况下，如果做一些理智的工作，思想往往会脱离而代之以一个图像。譬如"我想修改一篇论文中不满意的部分"，结果浮现"我发现自己正在刨平一块木板"的影像；在"我失去了一个思想串列的线索，想再把它找回来，却发现它已不可复得"时，脑中却浮现"一个排版，不过末尾几个铅字掉了"的影像。又譬如早上从睡梦中醒来，想再多睡一会儿而赖在床上，结果就梦见"我和某人道别，不过却安排不久和他再见"。西伯雷认为这些影像是"思想的替代物"，是"思想的象征"。这种"思想"及"象征"间的关系是多数人都可以理解的，人脑在某种情况下，似乎具有将"抽象概念"转化成"具体影像"的能力。

其实，有不少病人在向弗洛伊德描述他们的梦而表达不出意思来时，常会说："我说不出来，但我可以把它画出来。"梦以视觉影像为主，事实上，我们也可以说梦是"概念的影像化"，中国的释梦天书会认为梦见"竹"代表"清高""归隐"，以及约瑟会把法老梦中的"牛"解释成"收成"，根据的就是这种"概念／影像"的互换解析法。

就人脑功能的演进来看，对具象图像的知觉力要比抽象思考能力来得基本而原始。如果我们承认梦是人脑处于比较原始状态时的产物，那么它以"影像"来象征"概念"，可以说是十分自然的一件事，对梦中所出现的"荒谬影像"，如果我们能根据此线去寻找它背后所代表的概念，往往就能豁然开朗。譬如一个人梦见"某人站起来，并高举手臂，然后变成一只小鸡"，表面上看起来，这个梦境相当荒谬，但如果我们将它解释成"某人外表看起来虽然强壮，其实却如小鸡般脆弱"此一概念的影像化，就不会那么"荒谬"了。

又譬如某女士在白天当众数落丈夫，让丈夫下不了台，当晚她梦见自己和丈夫出席一个宴会，发现正在高谈阔论的丈夫"下巴突然像松了螺丝般正往下降，脸皮垮得像个囊袋"，最后她不得不走过去，"用安全别针将它别上"。我们从他们白天的经历即可理解，梦中丈夫荒谬的变形是"失面子"此一概念的影像化。

梦确实是在利用象征来表达"隐匿思想"，但与其如精神分析所说是基于"压抑"和"伪装"的需要，不如说是来自人脑的自然功能。

集体潜意识中的原型显影

"洞识派"的荣格认为，梦在将概念影像化时，其中某些概念是人类所共有的，也就是"集体潜意识"中的"原型"。"原型"意指人类心灵的本能倾向，它们一再以象征的方式出现在各民族的神话和各人种的梦中，就像各地的鸟类都以"筑巢"来显露它们的"集体潜意识"般。

譬如有一个二十多岁的青年，为了了解宇宙的奥秘而先后专研过物理和哲学，有一天晚上他做了如下的梦：

"我正看着一块巨岩飘离海岸，突然之间它变成一条船，而我就在船上，海上开始了一场暴风雨。在惊涛骇浪中，我九死一生，当风雨稍歇后，为了免予溺毙，我逃上一艘救生艇。一条巨龙忽然从海中冒出来，迅速地朝我游过来，我害怕得躲在舱底，但晓得这是没有用的，因为巨龙已游到了船边。在惊惶得近乎麻痹的情况下，我做了唯一能做的事，伸出手去抓住巨龙的一条腿，就在这个时候，巨龙突然变成了一匹小马，差不多只有二十五厘米高，像用蜡做的玩具。"

这个梦类似古老的"英雄屠龙"神话，它以一个人必须面临考验，去征服如怪兽般的对象来显现"英雄原型"。其中，被征服的怪兽成为英雄的"宝物"，也是经常附加在这种"原型"故事里的小结构，这种大结构和小结构是"超乎个人经验"的。在真实人生里，梦者是个现代青年，想以物理和哲学去了解宇宙的奥秘，而在梦这"另一种人生"里，他的大脑展读种族记忆的密码，以屠龙的英雄原型来揭开他的心事。因为他想做的仍然是"英雄"——具有时代意义的"知性英雄"，而这个梦景是英雄概念及其结构的显影。

有一个八岁小女孩，在圣诞节时，将她所做的梦画成画，送给当精神科医生的父亲。这位父亲在看了之后大为惊讶，因为这些"梦画"有着奇怪的内容。譬如：

1. 一只像蛇且有许多角的怪物，杀死所有动物，并将它们吞下。神从四个角落出现，有四位不同的神使，所有死去的动物又复活。

2. 虫、蛇、鱼和人跑进小老鼠体内，结果老鼠变成人。

3. 在显微镜下看一滴水，水里充满树枝。

4. 小女孩（梦者）病得很重，但有些鸟类忽然从她的皮肤飞出，结果她的病就好了。

这些梦充满了象征意味，仿如古老的宗教神话，但小女孩的父亲并不认为她看过、听过这类神话或童话故事。他去请教荣格，荣格指出这些梦境都是"创世、死亡、复活"的象征，它们也一再出现在古老的宗教神话里。这些梦与神话类似，是因为它们都是人类心灵的产物，都是以象征的方式呈现在集体潜意识中的原型。

荣格所说的象征，偏重于"结构"的层次，也就是结构上的类似。这使人想起"结构主义之父"列维－斯特劳斯（Levi-Strauss）所说的一句话："文化的普同结构是来自人脑的普同结构"，我们如果把"文化"改成"神话"，再改成"梦"，就更能了解荣格"原型"及"象征"的含义。

只具私人意义的象征

以上所说，都偏重于"普同象征"，虽然它们的"普同性"有大小之分，有的是全人类所共有，有的是某一族群、某一文化，甚至某一时代的人所共有，但不管大小，在"影像"与"概念"之间都含有多数人可以理解的"内在逻辑性"。所谓"人同此心，心同此理"，是我们在知道梦者的文化背景、教育水平后，就可以适度加以"解码"的。

但除了"普同象征"外，梦中仍有不少"个人象征"，它意指象征与其所代表之物间的关系，完全是"私人性"的，通常是来自当事者过去的一段特殊经历。譬如某人若说"皮鞋"代表"悲伤"，多数人会觉得莫名其妙，只有等到他说明，那是因为他小时候没有皮鞋穿，偷穿哥哥的皮鞋出去玩，结果被父亲毒打一顿，而使他到现在走路仍有点一瘸一拐的特殊经历后，我们才能了解"皮鞋"为什么会代表"悲伤"。

"个人象征"虽因人而异，但对当事者却具有极特殊的个人意义，而也只有当事者才能"自我挖掘"出它的象征意义。弗洛伊德有一个女病人，在父亲的反对下她和某人结婚，但现在婚姻却失败了。某天晚上她忽然梦见"拉格斯"（Largs）这个地名，她有点莫名其妙，因为"拉格斯"是苏格兰的一个小镇，她只在二十年前在那里住过一夜，以后未曾再去过。时隔二十年，"拉格斯"为什么又会突然清晰地出现在梦中呢？

弗洛伊德鼓励她做"自由联想"，问她二十年前在"拉格斯"发生了什么事。她仔细回想了一下，才想起昔日在拉格斯停留的那个晚上，她想说服父亲答应妹妹嫁给他不赞同的一位男子，而与父亲发生争执。"拉格斯"这几个字的象征意义终于水落石出，它似乎在提醒梦者："在拉格斯发生过什么事？你一定还记得吧！你，像你妹妹一样，都违背了父亲的忠告，所以你必须面对这个后果。"

梦中的数字经常也具有特别的"个人象征"意义。譬如弗洛伊德的另一位女病人梦见"我和两个小女孩一起散步，而她们的年龄相差十五个月"，这"十五个月"到底代表什么意思呢？她想不起它和任何熟人有关，最后，她自己解释说："这两个女孩子都代表我，我童年时发生过两件创伤性事件，一件发生在三岁半时，另一件则发生在四岁九个月时，刚好相隔十五个月。"

因人因梦而异的解释

从以上的介绍可知，即使我们承认梦的语言是一种"象征语言"，但某个影像到底象征什么，仍有很多不同的解释，何时做象征性的解释和要选择何种解释，需"因人因梦"而异，对于梦中的象征弗洛伊德曾说："就像中国字一样，它真正的意思必须经由前后文的判断才能正确掌握"，在解释象征时，我们必须将它放在梦境的"整个脉络"里去考察。

但即使如此，仍然会产生不同的解释。譬如有一个年轻的女病人，做了如下的梦：

"我的眼睛瞎了，脸上戴了一副非常漂亮的面罩，面罩上布满了花朵，就算没瞎也被遮得看不见了。后来出现了一位黑人，俯身吻了我的额头，于是我的面罩便消失了，而视力也再度恢复了。"

这个梦显然需要象征性的解释，一个弗洛伊德派的学者会认为，眼睛是女性性器的象征，布满花朵的面罩是处女膜的象征，梦中的黑人则代表病人的父亲，那使面罩消失的一吻象征性交，于是这个梦的含意是病人在梦中宣泄了她的乱伦欲望（在现实生活里，梦者自陈当父亲打她时，她曾引起性欲情绪）。

但一个荣格派的学者，却可能对象征提出完全不同的解释。他会说梦中戴着漂亮面罩的女人是梦者的"假面"，这个"假面"虽然漂亮，但却妨碍她的视力及面对生活。梦中的黑人则代表她内心黑暗而男性化的一面，是她拒绝并压抑的原始情感，那一吻代表"假面"必须接纳她心中黑暗而男性化的一面，才能恢复视力，看清人生的方向，过一种更好的生活。

像这样，因对象征的解释"差之毫厘"，结果使得整个梦的含意"谬以千里"。但哪一种较合理，我们无法做"科学的判断"。也许我们根本不必做这种判断，因为梦就像一部充满象征的文学作品，在解释时，我们不需拘泥一格，而是要尽量提出各种可能的解释，然后选择最让自己感动，或者最让自己心服的解释。

第四章

剖析梦的荒谬文法

从弗洛伊德的一个荒谬梦谈起

如果说梦的语言是一种"象征语言",那么它的文法简直就是"荒谬文法"。对梦的荒谬性,相信每个人都有一定了解,下面我们就先以弗洛伊德所做的一个梦为引例:

"老布鲁格叫我做一些事。非常奇怪的,这和解剖我自己身体的下部(骨盆部和脚)有关。我以前好像在解剖室见过它们,不过却没有注意到我的身体缺少这些部分,并且我丝毫没有可怕的感觉。N小姐站在旁边帮我做。骨盆内的内脏器官已经取出,我们能够看到它的上部,现在又看到下部,二者是合起来的,还能看到一些肥厚肉色的突起(在梦里面,使我想起痔疮)。一些盖在上面像是捏皱了的银纸,我也小心地钩出来,然后我又再度拥有一双脚,在市镇里走动。

"后来(因为疲倦的缘故),我坐上出租车,但使我惊奇的是，这车驶入一间屋子的门内，里面有一条通道，然后在快到尽头的时候转一个弯，终于又回到屋外来了。最后，我和一位拿着我行李的高山向导走过变化无穷的风景。在路途中，他也曾背过我，因为顾虑到我疲倦双脚的缘故。地上泥泞，所以我们沿着边缘走。人们像印第安人或吉卜赛人般坐在地上——其中有位女孩。在这以前，由滑溜溜的地上一步步前进的时候，我一直有种惊奇的感觉，即经过解剖之后我怎么会走得这么好呢？

"终于，我们到达一间小木屋，末端开了一个窗。向导于是把我放下来，同时拿起两块预备好的宽木板架在窗台上，这样子就可以跨越必须从窗户渡过的陷坑。这时，我真为我的脚担心。但是我们并没有像预料中那样渡过去，反而看到两位成人躺在沿着木屋墙壁而架的板凳上，好像有两个小孩睡在他们旁边。似乎小孩将使这渡越成为可能（而不是木板）。我起来的时候，感到非常可怕。"

这个梦真的是"荒谬无比"，如果它落到"幻觉派"或"清扫派"的手中，将可得到如下的解释：作为"梦发动器"的脑干，它所发出的神经冲动多少是盲目的，打到上层的某个神经细胞，某个细胞就放电，而在我们的脑海里浮现该细胞贮存的讯息影像。南奔北走、东碰西撞的结果是，"内脏器官""肉色突起""出租车""屋子"等神经尘埃在神经通道上乱舞。惯于用理性思维的前脑被迫将它们串成"像一回事"的故事，结果就出现了"看到内脏器官已经取出，下面有一些肥厚肉色突起""出租车驶入一间屋子的门内"等荒谬的情节。

潜意识的"原本思考法则"

但弗洛伊德却不这么认为。他觉得这个梦之所以荒谬，梦中情节的演变完全不符合我们意识生活中的逻辑法则与因果关系，主要是因为我们在梦中展现了另一种思考方式的关系。弗洛伊德将梦中的这种思考方式称为"原本思考法则"（primary thinking process），而将我们清醒、理智时符合逻辑法则与因果关系的思考方式称为"续发思考法则"（secondary thinking process）。

从人类或个人的成长来看，"原本思考法则"是最初的思考方式，在现存的原始民族或文明社会里的儿童身上，我们都可以看到这种思考方式的痕迹。"原本思考法则"有下列两个特点：

1. 不受时间、空间的限制，任何事情都可以跨越时空的障碍而发生关系。

2. 思考的方式依情感和欲望的支配而进行，不依逻辑的前因后果来推论。

一个人在成长过程中会逐渐发展出符合逻辑的"续发思考法则"，以应付现实世界的生活。但在夜梦中，主管推理、判断等高层思考活动的大脑皮质处于休息的状态，而较原始的脑机能却仍在继续活动。这些以较原始的"原本思考法则"为主导所呈现的梦境，和正常人的白日梦、精神病人的症状、神话故事等，有很多类似的地方，它们都属于弗洛伊德所说的"潜意识"领域。

潜意识之所以会运用"原本思考法则"编出荒谬的梦境，主要是受到某种"思想"的诱发，弗洛伊德将此称为"梦思"，或梦的"隐意"，而梦的表面内容则是梦的"显意"。梦的"显意"有如象形文字，但只要我们能掌握这种文字的"语言特色"（象征语言）及"语法规则"（原本思考法则），就能了解真正的"梦思"，而它一点也不荒谬。这与传统认为梦"另有含意"基本上并无太大的不同之处，弗洛伊德凌驾前人的地方是在梦的显意与隐意间建立起有迹可循的关系。

这个观点与"幻觉派"或"清扫派"刚好是背道而驰。"幻觉派"与"清扫派"认为我们做梦多少是"被动"的，只能身不由己地依照神经细胞的盲目放电去织梦。而弗洛伊德则化被动为"主动",他指出"梦思"才是梦的"发动器"。

从荒谬中寻找合理的梦思

我们要如何从荒谬的梦境中,寻找合理的"梦思"呢?弗洛伊德的现身说法,为我们提供了不少诀窍。

"梦思"通常是最近的一些生活经验(特别是做梦前一天)所勾起的。梦中帮弗洛伊德做解剖工作的 N 小姐,在白天曾来找他借书,弗氏借给她一本哈盖特所著的《她》,并向她说:"这是本奇怪的书,但是含意深远。"N 小姐问他:"没有你自己的著作吗?"弗氏说:"我的传世之作尚未完成。"(当时弗洛伊德正在撰写《梦的解析》)N 小姐又问:"那你何时出版?我们看得懂吗?"弗洛伊德觉得她语含讽刺,似乎是在替某人传话。当时弗洛伊德不再搭腔,但 N 小姐的一番话却触动了他的心事:他深信在进行中的《梦的解析》将是一本传世的不朽巨著,不过发表它也必须付出代价,因为他分析了很多自己的梦,而不得不将自己的性格及某些隐私公之于世。

在这个"梦思"的诱发下，他做了上述那个荒谬的梦。在梦中，他又回到求学时代追随布鲁格教授从事解剖及生理研究的场景中，但这次不是解剖动物，而是解剖"自己"。他将自己割得体无完肤（连内脏都掏出来），却"没有可怕的感觉"，这种"情感反应"与梦中影像的不符，证明了此一惨不忍睹的场景是一种"象征"，它不是在做真正的身体解剖，而是在做"心灵解剖"，而这正是《梦的解析》一书的重点。

此时，肉体的刺激"插播"进来，因为当天弗洛伊德站太久，有双腿劳累的感觉，这使他在梦中注意到自己身体的下部（骨盆区，但骨盆区也有可能是"双腿劳累"与他在《梦的解析》里所欲揭露的"性问题"二者的浓缩），事后他"再度拥有一双腿"，不过还是觉得疲倦，而需"坐出租车"或由向导"背他"。

但原来的"梦思"仍继续进行，梦中出现了几个跟"著作"有关的场景：在骨盆腔内有一些捏皱了的银纸（stanniol，锡箔），弗洛伊德认为这是斯坦尼乌斯（Stannius）这个字的变形，而斯坦尼乌斯曾出版一本有关鱼类神经解剖的著作，弗氏从小就很钦佩他（弗洛伊德在布鲁格研究室所做的第一项研究就是某种鱼类神经系统的解剖）。

梦中"被背过泥泞的地带"以及"用宽木板渡过陷坑"的两个场景，是来自他借给 N 小姐那本《她》中的情节，而"印第安人"和"木屋中的女孩"则来自该作者另一本著作《世界的心》。

"著作、著作，写出不朽的著作"，弗洛伊德的内心似乎在这样呐喊，但在成为"不朽"前，"死亡"的阴影却又浮上心头（也许因为腿酸、走不动了）。山里的那间"小木屋"，是"棺材"的象征，因为很像他在意大利旅游时看过的埃斯楚坎人的坟墓内部。他置身在死亡的氛围中，想"穿越"出去，而这似乎需有赖自己写出"传世"之作——"小孩将使这渡越成为可能"（如果写不出来，那只好靠"创造宇宙继起的生命"来达到不朽，靠孩子去完成未完成的愿望）。

梦材料的钩沉与编织

从以上的解说可知，主导整个梦的似乎是如下的"梦思"："我要不辞辛劳，写出一本剖析自我的不朽著作"（注：弗洛伊德对他这个梦并未做详尽的分析，为了便于说明，我"越俎代庖"了一部分）。此一思维穿越脑海，钩出与它相关的讯息（影像及影像化的概念），在脑海中载浮载沉，闪闪烁烁。

根据心理学对记忆的观察，我们的长期记忆资料主要以"含义"来分类贮存，每一项资料都有多种"含义"。譬如"龟兔赛跑"这份资料，同时有"寓言""动物""赛跑""毅力"等含义，只要我们想到其中一项，都可能想起"龟兔赛跑"。另外，每一份资料又和其他许多相关的资料像渔网般互相连着，只要拉起渔网中的某个网点，周围其他相关的网点也都被牵动或者拉起。从记忆的这些特性可知，一个单纯的"梦思"会"钩"出许多或远或近的资料，这是不足为奇的。

这些超越时空，在脑海里载浮载沉的资料是如何被串连成梦境的？弗洛伊德提出"再度校正"的说法。所谓"再度校正"是指将片段的视觉资料衔接起来的工作，它好似"以碎布缝补着梦架构的间隙"。艾利斯对此有过如下生动的比喻："我们可以想象睡眠中的意识如此对自己说：我们的主人（清醒时刻的意识）来了，它具有强而有力的理智和逻辑能力。赶快！把材料收集好，将它们排好——任何秩序都可以——在它再次掌握实权之前。"它有点像拼图游戏，在匆忙之间前后秩序乱了，一块与一块间出现空隙，临时用一些"碎纸片"把它们弥补起来，使它们大体上看来仍像一个整体——一个有某种一致性的故事形式。

在这么做的时候，梦往往会借用白天现成的幻想（白日梦）架构，因此有些梦只是在重复着白天的幻想。梦中的情节看起来合情合理，但现成的幻想架构往往无法容纳所有的梦思，所以梦的一部分似乎很合理，但接着就变为荒诞不经，等一下又变为合情合理，这表示再度校正只有部分的成功。如果整个梦境看起来只是一堆无意义碎片的组合，那表示再度校正已完全失败了。

弗洛伊德认为，梦在做"再度校正"工作时，常借用白日梦（幻想）的架构，但它也可能借用人类共同的"精神遗产"——也就是荣格所说的"原型结构"，譬如前一章所举的"英雄屠龙结构"。如果能做这种扩充，则将更具有包容性。

夜梦与白日梦的不同编织法

但梦还是不同于白日梦。如果将主导白日梦（幻想）的思维称为"幻思"，则"幻思"对相关资料显然比"梦思"更具有"操控"能力。它老早就将"不相干"的资料排除在外，而"梦思"对资料的钩沉似乎有点身不由己，但与其说是"被动"，不如说是"应付不了"。对此我倒有个比喻，当"梦思"悄悄打开潜意识的某个门户时，则所有相关的资料就像死而复生的精灵，一齐冲向那打开的门户，它们多如过江之鲫。在"乱军"之中，充当"梦导演"的另一个我（指意识，它一直睁只眼，闭只眼）只能胡乱抓几个"比较中意"的，然后安排它们演出。这与原先的"梦思"已经有很大差距了。

在第一章，我们曾提到"刺激派"的一个实验，将蜡烛放到某人（入睡时）的手中，他第一次梦见自己"在打高尔夫球"，第二次则梦见自己"在健身房中举起一根铁棒"。事实上，蜡烛这个刺激能诱发的梦中影像绝不只这些，它们经常是成串的，而梦者只是一次"抓"一个来"拼"入梦中而已。

史脱瓦（J.Stoyva）曾做了一项催眠实验，在受测者要入睡前，将他催眠，给予受测者如下的催眠后暗示："你在今晚的每一个梦里将梦见在爬树。"然后解除催眠，让他睡觉（以脑电图仪监测睡眠情形）。一般公认，"催眠后暗示"是直接诉诸当事者的潜意识的（因为他在意识层面无法察觉到此暗示），因此，"爬树"可以说是一个预设而又可观察的"潜意识里的梦思"。

某个受测者在第二次 REM 睡眠期出现后十六分钟被叫

醒，他报告了如下的梦境：

"我们在费城的老家屋前有一棵老枫树，它的枝叶常刮到窗口，有时候我们必须去修剪它的枝叶。通常我们只是爬到屋顶上去修剪，但这次不知为什么，我们全家人都爬上树去修剪。全家人，我的祖母也在内——她已经死了五年了。但我们无法爬得太高，枫树的枝叶刮到窗户上，发出沙沙的声音。"

在一组七个人的实验里，在一个晚上的几个梦中，其内涵与"催眠后暗示"（爬树的梦思）有关者，高达71%～100%。虽然是同样的"梦思"，但在同一个晚上却可以编导出"题旨"相同而"内容"完全不同的梦来。我们不得不佩服我们"另一个我"的编导能力，但"他"可能谦虚地说："不是我能力好，而是素材太丰富了，随便抓都抓不完！"

开启大脑软体世界的"关键字"

从"程式派"的观点来看，"梦思"就好像开启大脑软体世界的"关键字"或"操作字"。"程式派"的健将之一伊万斯曾提到他自己所做的一个梦：

"我梦见自己正和一些同事在国家物理研究所（伊万斯

服务的单位）的餐厅进行一项奇妙的实验。餐厅从地板到天花板都装满了水，有各种形状及大小的鱼在里面游泳。我们利用某种能让水快速冷冻的仪器，将鱼卡在一个巨大的冰块中，目的是想研究在不同的水位有什么样的鱼在游，于是我们开始在巨大的冰墙上标示水位。"

这个梦相当怪异，但在伊万斯的仔细推敲下，他发现这个梦是做梦前一天某些经验及想法的综合：第一，前一天中午，他在研究所的餐厅点了一份鱼餐，这是很稀罕的事，因为他平常很少吃鱼。第二，当天稍后，他清理自己的一个金鱼缸，用一条管子来排水，鱼缸里的水位一直在摇晃降低，他看缸里的金鱼在逐渐缩小的世界里不安地游动，心想它们在不同的水位中生存的情况。第三，当天晚上，他很难得地看电视，在极为沉闷的剧情中，有一个广告片的镜头吸引了他的注意，一群被捕鱼船捞上来的鱼在网中挣扎，然后是一个静止画面，以冰块冷冻的鱼被放到煎盘上。

为什么这些不同的经验会被编入同一个梦中？答案显然是它们都与"鱼"有关。伊万斯说，在这个梦中，他开启的是脑中的"鱼程式"，并以"分类记忆"的方式，将这些跟"鱼"有关的经验重组，嵌入原有的心灵程式的栏目内。至于这个梦的"意义"，伊万斯认为它以"存档"的成分居多。我们叫出一个程式，并不一定就是要"修改"它，经常只是存进一些将来可能有用的资料而已。而且，这个"鱼程式"可能是一个更大程式的次程式，在开启的大脑软体世界中，必然有很多不同层次、不同网络的资讯交换，但在这一个 REM 睡眠中，伊万斯的意识所能捕捉到的就是上述那些影像。

但不管他的意识做了何种程度的捕捉，"心灵程式"和"关键字"是不会自动浮现的，所谓的"鱼程式"只是来自伊万斯事后的回想和推敲。

绕了一大圈，我们终于来到一个重要的转折点：要了解梦这封"心信"的含意，就需要有赖梦者就其中难解的"字句"从事回想与联想。

靠"自由联想"穿针引线补梦网

弗洛伊德曾指出，在梦的解析过程中，有一个相当重要的步骤，即当事者对梦境的"自由联想"。所谓"自由联想"是指当事者在放松心情、毫无拘束的情况下，就梦境中的某一影像——譬如"小木屋"从事联想，心里浮现什么（直觉）就说什么。譬如想到"棺材"就说"棺材"，而不必去考虑"小木屋"与"棺材"间的逻辑因果关系。然后,"棺材"这个字眼又让你想起以前到意大利旅行时,看过的"石屋棺"……

"自由联想"这种思考方式,很像前面所说的"原本思考法则"——打破惯有的时空限制和逻辑因果关系。弗洛伊德利用它来寻找当事者潜意识中的愿望或情结,但我觉得它更像是在补"梦的破网"。因为梦境只是我们对当时脑中活动片段的捕捉,浮现在意识层面的事实上只是一些网点。"自由联想"从这些网点出发,穿针引线,将这些"点"延展成"线",再拉伸出"面"来,好像做一种修补复原的工作,这样我们才较能看出隐藏于其中的"梦思"及"情结",或者说"关键字"及"心灵程式"。

下面我们就再以某位男士的梦来做说明:

"我看见两个男孩子扭打在一起,从周围所散放的工具来看,他们大概是箍桶匠的儿子。一个孩子终于被摔倒了,较弱的这个家伙戴着蓝石子做的耳环,他抓住一根竿子,爬起来就想追上去打那对手。但对手拔腿就跑,躲在一个站在篱笆旁边看来像是他母亲的女人背后,那女人其实是一位散工的太太,最初她背向着我,后来她转过头来,用一种可怕的表情瞪着我,我吓得赶快跑开,但还记得那女人的下眼皮像赤红色的肉从两眼突出来。"

要解读这个梦，我们最好是先将梦中的景象拆解开来，将它们视为一个个独立的"网点"，然后请梦者自行"补网"——也就是"自由联想"。梦者（他是弗洛伊德的一个病人）对各个"网点"做了如下的"自由联想"：

1. "两个男孩子扭打在一起"——这是白天经验的残存，当天他确曾看见两个小孩在街上打架，有一个被摔倒，当他想上前劝架时，两个小孩都跑了。

2. "大概是箍桶匠的儿子"——梦者后来想起，这可能与"打破砂锅问到底"这句谚语有关。

3. 较弱的家伙"戴着蓝石子做的耳环"——梦者想起这通常是娼妓的打扮。

4. "站在篱笆边的女人"——梦者想起当天他到多瑙河散步时，曾在篱笆边小便，但刚解完不久，迎面就碰到一个雍容华贵的女人，愉快地向他打招呼。

5. 女人的"下眼皮像赤红色的肉突出来"——梦者想起这像女人蹲着小便时，性器官露出来的模样。这个想法又使他想起自己小时候偷窥到女孩子性器的两次经验：一次是一个女孩子摔倒，一次是看女孩子蹲着小便。而这两次经验——摔倒与小便，又与他做梦前一天的经验相关。

在梦者做了这些"自由联想"后，我们总算看到一张比较像样的"梦网"，只要将"戴着蓝石子耳环"较弱的男孩转换成"像娼妓一样的女人"，将"自己站在篱笆边小便"转换成"女人站在篱笆边小便"，就能对梦做如下的解读："性好奇"是这个梦的"梦思"或开启大脑软体世界的"关键字"。在暗示女孩子摔倒或女人小便的场景中，他看到了"赤红色的肉突出来"，但在惊鸿一瞥中，他却"吓得赶快跑开"，因为在现实生活里，他曾因在这方面太过好奇而遭受父亲的严责。这是他心中的一个"结"，或者说"性程式"中的一条"纹路"。

建构梦的两大艺匠——浓缩与转移

"原本思考法则"是梦的基本语法，而"自由联想"则是解读它的工具。在梦的基本语法中，还有两个惯用的"片语"必须在此一提，它们就是弗洛伊德所说的"凝缩作用"和"转移作用"。

所谓"凝缩作用"是指将两种或两种以上的观念融合，而以一个影像来代表多种成分。在梦中最容易出现的凝缩作用的产物是"人物集锦"或"舞台集锦"，譬如某个人梦见自己站在一间屋子的客厅里，而沙发上则坐着一个老人。这个老人的脸孔是他父亲的脸，但却留着梦者小学老师的胡子（事实上，梦者的父亲是无须的），而且穿着军服（梦者的父亲是个商人）。梦中的客厅在格局上是梦者家中的客厅没错，但却有两扇西班牙式的窗户，而老人所坐的沙发则是梦者女朋友家中的沙发。

将几个不同元素"凝缩"成一个新内容，这个"集锦内容"可能就是上述诸元素的"共同代号"。譬如梦中的老人由梦者的父亲、小学老师、军人三个人物凝缩而成，他们均是梦者在现实生活中的"权威"，因此，梦中的老人可能就是"权威"的代号。而梦中的客厅也是由三个地方拼凑起来的，梦者在这三个地方若分别有过某种共同的情感经验——譬如说伤心，那么梦中的客厅就成了"伤心地"的代号。

所谓"转移作用"是指把某种情绪由原来的对象转移或让渡到另一个较可被接受的代替物上。在梦中，原来带有强烈兴趣或情感色彩的部分往往被取代，而由次要的部分"反客为主"。譬如某位医科学生的梦：

"我梦见自己正骑着脚踏车在杜平根的街上，忽然有一条狗追来，咬住我的鞋跟不放。我又往前骑了几步路后就下了车，坐在石阶上。因为狗还紧紧咬住我的鞋跟，所以我就出拳打狗，好让它松口（狗咬我及整个经过使我感到某种快感）。这时有两位老太太坐在我对面，正瞪着我，然后，我就慢慢清醒过来了。"

表面看来，梦内容中最重要的部分是"狗咬住他的鞋跟不放"，但这往往是梦思中较不重要的部分。梦者在自由联想时想到，他最近在街上常遇见一位让他非常爱慕的女子，但却苦于不知如何向她自我介绍。这位女子每次都牵着一条狗，而梦者也很喜欢狗，他曾几次见狗互斗，出面阻止，而博得旁观者的赞许。从这个联想我们可以知道，梦的隐意（梦思）是梦者想与那女子亲近，但这个梦思可能无法通过意识的检查，于是"爱屋及乌"，在梦中转变成那女子牵的狗跑来"咬住他不放"。他所爱的那名女子在梦中完全没有出现，而只以"替代物"——狗来呈现。

因此，梦中看来很重要的部分，实际上可能是最不重要或较不重要的。反之，一件看来无关紧要的事可能意味深长，梦思中的重点在梦内容中可能只有一点蛛丝马迹可寻。

弗洛伊德将"凝缩作用"与"转移作用"誉为建构梦的"两大艺匠"，我们在前面的解读中，已不知不觉运用了它们。事实上，这两种作用经常联手于梦的运作。当一个由诸多元素凝缩而成的"集锦物"出现于梦中时，它固然有着诸元素的共同特征，但往往也含有一个经过转移而被蒙蔽的共同含意，换句话说，梦中"集锦物"的共同特征也许无关紧要，但梦思中却可能含有一个更重要的共同元素。譬如一个女人梦见如下的"集锦物"——一间看起来像海边游泳沐浴用的茅屋，也像乡村外面的厕所，又像小镇房子顶楼的建筑物，这间房子是个集锦，表面上看来，其共同元素似乎只是"简陋的小屋"，但其隐蔽的共同元素则是"脱衣与赤裸"。在沐浴用的小屋或厕所中，人们必须脱衣，而"顶楼"则与病人小时候的经验（涉及脱衣）有关。我们可以说，病人梦思中的"脱衣与赤裸"念头，经过转移作用与凝缩作用，而成为梦内容中的"集锦小屋"。

梦中失去的"连接词"

除了"片语"外，还有"连接词"的问题。一场梦虽然只有一个"主题梦思"，但其下常含有几个"小梦思"，而以"原本思考法则"为主导的梦，似乎没有什么方法来表现梦思与梦思间的逻辑关系。换句话说，梦缺乏"如果""因为""所以""虽然""但是"等表示因果关系的连接词，而在影像与影像的衔接上经常给人突兀或牛头不对马嘴的感觉。

要解读梦，就必须靠我们"填进"这些被遗漏的连接词。以下是一些范例：

1. 某人做了一个梦，梦中只有两个影像，一个是梦者叔父在礼拜六那天吸烟；还有一个是有位妇人将梦者抱在怀中，好像他是小孩一般。

我们表面上看不出这两个画面之间有何关联，它们之间的"连接词"被梦的运作省略了。梦者在自由联想时说，梦者的叔父（犹太人）是个很虔诚的宗教家，从未在安息日吸烟，将来也绝不至于如此。而第二个画面中的妇人让梦者联想到自己的母亲，他像小孩一般被母亲搂在怀里。这两个画面均代表被"严厉禁止之事"，它们先后出现在同一个梦中，可能表示它们之间有如下的逻辑关系——"如果我的叔父在安息日吸烟的话，那么我也不妨让母亲搂抱了。"

2. 一个人梦见某人站起来，并高举手臂，然后变成一只小鸡。这个梦例我们在前一章谈象征时已提到过，它所省略的是"但是"这个连接词——"虽然他的外表看起来蛮强壮，但其实却如小鸡般脆弱。"在梦中，这种逻辑关系以两个连续性的事件表现出来。

3. 一个年轻人梦见自己被父亲责骂，然后到火车站去，火车刚好进站，但奇怪的是，火车静止不动，而月台却向着它移动。

火车不动，而月台向着火车移动，表面上看起来相当荒谬，但它等于是在说"这与事实相反"。这个内容紧接着"他被父亲责骂"而出现，主要目的是在做个"相反词"，表示前一个梦内容也是相反的意思，即"父亲被他责骂"，但因为这个念头逃不过意识的检查，所以在梦中施放了一个烟雾。

释梦——寻找隐藏的梦思

梦的语法表面上看起来虽然"荒谬无比"，但其实并非"毫无章法"。弗洛伊德认为，潜意识好比"情感的垃圾箱"，一个人在成长过程中，会将各种不符合现实原则，或不被道德意识所允许的本能或非理性欲望及相关经验，通过潜抑作用赶到潜意识中。我们平常虽然无法意识到它们，但它们却时时想突围而出。在夜梦中，压住"情感垃圾箱"箱盖的意识力量减弱了许多，因此潜意识活动遂开始活跃起来，但潜意识的内涵不能赤裸裸地倾巢而出，因为处于半休息状态的"意识警察"仍然在潜意识的出口设了一个检查哨。潜意识中的种种欲望、冲突、见不得人的东西，必须经过加工、变形、改装，被意识警察所认可之后，才能通过检查哨，而浮现在意识层面，为我们所"意识到"。梦的荒谬性就是来自这种"梦的改装"，而原本思考法则、象征、凝缩作用及转移作用就是潜意识的"化妆师"。

我们虽然无法赞同所有的梦都是"潜意识欲望改装"的说法，但弗洛伊德所分析出来的"语法"以及解读这种语法的"自由联想"，仍是我们在进入梦这个怪异的夜间风景区时，最佳的"照明设备"。

有人说，"梦是脑细胞不完全活动的产品"，但我觉得更正确的说法应该是"梦是我们对脑细胞活动不完全捕捉的印象"。在弗洛伊德那个时代，人类对脑细胞活动的了解仍非常有限，弗氏令人佩服的地方是他以哲学的语言来描述大脑内的"黑箱作业"，而他的这种描述，在我们想对梦境做"更完全"的捕捉时，依然是"分子生物学语言"及"电脑语言"所无法取代的。

在大致了解了梦的语言及语法后，下面就让我们拿着这些"照明设备"，开始进入夜间风景区寻幽访胜吧！

03

释梦的艺术：
梦型介绍

第五章

心想事成——愿望之梦

猪梦橡果，鹅梦玉米

匈牙利有句谚语说："猪梦橡果，鹅梦玉米。"这句充满人类想象力的谚语表示，如果猪和鹅会做梦的话，那一定会梦见它们喜欢吃的东西。这是"愿望达成"的最简单形式。我们几乎都做过这种愿望达成的梦，譬如谋生能力欠佳的穷人梦见自己中了彩票的头奖，嫁不出去的老处女梦见自己结婚生子，苦读的学生梦见自己金榜题名……

一九〇四年，到南极探险的诺登舍尔德（Nordenskjold），曾有如下的记载："我们探险队的所有队员都发觉，这段时间所做的梦，内容特别新颖与丰富，每当清晨醒来，互相交换意见时，总会发觉我们这些远离尘寰的家伙，都对过去的生活寄予无限的憧憬与想象。我们中的一位队员，甚至梦见他又回到教室内，重操旧业地干起为学校刻印章的工作。但大多数的梦，是离不开吃与喝的。有个家伙梦见他当晚连吃三宴，酒醉饭饱。另一个老烟鬼则梦见满山烟叶，取之不尽。更有人梦到一只破冰船扬帆而入。还有人做更妙的梦，梦见邮差先生送来一大堆邮件，并且解释说，因为投递到错误的地址，所以延误到现在。当然，还有一大堆更荒唐的梦。但最主要的是，这些梦看来看去都比较简单而缺乏变化，由这些梦，我们可以清楚看出，我们是多么地盼望着睡眠，因为只有在梦乡，才有那么多的愿望能够实现。"

法国小说家纪德曾说："当你没有足够的钱去买梦中之物时，你就去买一个梦。"因为在梦中，我们可以不必花费任何代价而得偿所愿。

意识所允许的愿望

也许有人会说："可惜这种愿望达成的梦太少了，否则我真愿长梦不醒。"但如果我们了解梦所使用的特殊语言及语法，在"适当的翻译"之下，你将会发现有更多的梦也都含有"愿望达成"的色彩。弗洛伊德早年曾认为，在仔细分析之下，每一个梦都是"愿望的达成"（但到晚年，他已不再这样认为），当然，所欲达成的多属"潜意识的愿望"。

愿望大抵可以分为两大类，一类是为自己的道德意识所允许的愿望，这类愿望通常能以直接的满足方式呈现于梦中，譬如口渴想喝水、想发财、想金榜题名、想结婚等。另一类是不为自己的道德意识所允许的非理性愿望，譬如憎恨、攻击、嫉妒、羡慕、乱伦或不合社会规范的性欲等，这些非理性的愿望要在梦中呈现，并加以满足，需通过我们上一章所介绍的"梦的改装"，以逃避意识的"检查"。

我们先谈为自己的道德意识所允许的愿望。在唐代传奇小说《枕中记》里，落拓书生卢生梦见自己娶得如花美眷、金榜题名，之后更平步青云，出将入相。这不仅是卢生的"美梦"，更是中国传统读书人的"美梦"，我们可将此类愿望称为"积极愿望"，它的"达成"最受人欢迎，但也最让人"无话可说"，只能祝福各位经常做这类的好梦，然后独自"品味"。

另有一种"消极愿望达成之梦"则较易受忽略，所谓"消极愿望"是退而求其次，希望能逃避不幸的处境。譬如有一个五岁的男孩，不小心打破了一个茶杯，他担心母亲发现了会责骂他，结果当天晚上就做了一个梦，梦见"一个匪徒闯进他家，将所有的茶杯都打破了"。这显然也是一种"愿望达成"，因为其他的杯子都被匪徒打破了，母亲就不知道他其实也打破了一个茶杯，如此一来，他即可不被母亲责骂。

其他譬如梦见自己心脏破了一个洞而不必当兵、自己住的地方被洪水围困而"无法"参加考试等，也都是以消极的方式来达成自己的愿望。

继续睡眠的愿望

"继续睡眠"也属愿望的达成。我们常将足以干扰睡眠的内在或外在刺激编入梦中，好让自己"不以为意"，而能"再多睡一会儿"。弗洛伊德似乎经常做这种梦，下面就是他所提到的自己的两个梦：

"我在上床前，就已觉得口渴，我把床头小几上的开水整杯喝光，再去睡觉。但到了深夜，我又因口渴而不舒服，如果要再喝水，势必要起床，走到我太太旁边的小几上拿茶杯。因此，我梦见我太太从一瓮子内取水给我喝。这瓮子是我以前从意大利西部古邦买回来收藏的骨灰坛。然而，那水喝起来是那么的咸（可能是内含骨灰吧！），以致我不得不惊醒过来。"

"在我年轻时，这种'方便的梦'经常发生。当时，我经常工作到深夜，早上起床对我而言，成了一件要命的差事。

因此清晨时，我经常梦见我已起床在梳洗，不再因未能起床而焦虑，这使我能继续酣睡。"

弗洛伊德的弟子费伦齐曾在匈牙利的一份漫画刊物上发现了一个题为"一位法国女保姆之梦"的连环漫画，很传神地描绘了继续睡眠的"愿望"。一位法国女保姆在睡觉，身旁的小孩可能因尿急或已经尿湿了而哭出声来，这位保姆将这个应该使她醒过来的刺激编入梦中。她梦见自己正带着小孩在街道散步，小孩的哭声引导保姆在梦中将他带到街道的一角让他小便——"她已让他小便了"，这个以梦想来代替行动的梦使她能继续睡眠。但那唤醒她的刺激仍持续着，而且越来越强，梦中的小孩遂"不停地小便"，尿液越流越多，在第四张图里，它竟然能浮起小舢板，接着是平底船，然后是帆船和油轮。最后女保姆从梦中惊醒，一旁的小孩正声嘶力竭地哭喊着。

如果外在或内在刺激过分强烈，梦者在最后还是会醒来，譬如这位法国女保姆的梦，还有前述弗洛伊德口渴的梦等。但在醒来之前他们所做的梦却都含有继续睡眠的"愿望"，它好似在安慰梦者："不要紧！再继续睡吧！毕竟这只是梦而已！"有时候，在梦见不祥的事时，梦者会在梦中惊慌失措，但前意识也会这样提醒梦者，使梦者忽然明白自己是在做梦，而宽心地继续睡眠。

戒烟者仍在梦中吸烟

潜意识的愿望并非都要经过改装才能呈现于梦中，它们也可直接显现，但也许是太直接了，所以经常会激起做梦者的焦虑与罪恶感。瘾君子在痛下决心戒烟后，就常做这种梦，譬如"程式派"的伊万斯原是个烟枪（一天吸五十根烟），但后来因老是咳嗽，才下定决心戒烟。在挨过难受的三个礼拜后，生理性的戒断症状慢慢消失，他不再咳嗽，神清气爽，正想庆贺戒烟成功时，他做了如下一个梦：

"我梦见自己置身于一个烟雾弥漫、热闹的聚会场所，然后发现自己手上居然拿着一根点燃的香烟，多恐怖呀！我竟然又开始抽烟了！我对自己的愚蠢感到愤怒，自己忍受很大的痛苦后好不容易才戒掉，如今却又恢复原状！于是我将香烟丢到地上，而且用一种戏剧性的姿势去踩熄它。就在这个时候，我醒过来了。"

此后差不多每隔半个月，他就会做一次类似的梦。这种梦的意思相当明显：伊万斯已不再抽烟，也认为自己已"不想"再抽烟，但在梦中，他的潜意识却"不听使唤"地又让他抽起烟来，但如此的毫无掩饰，立刻引来意识的干涉，在焦虑、愤怒与罪恶感中，他"将香烟丢到地上"，狠狠"踩熄它"。这种梦很生动地呈现了潜意识与意识间的冲突。

断断续续地"冲突"了一年后，伊万斯的"吸烟梦"有了一些改变：他梦见自己坐在扶椅里，一口又一口舒服地深吸着香烟，焦虑的感觉消失了，他在梦中觉得只要自己控制得好，偶尔吸吸烟真是莫大的享受（当然，在现实生活里，他已不再抽烟），意识的约束显然是败给了潜意识的愿望。

由于自己的这些经验，伊万斯在从事梦的调查研究时，特别询问了这方面的问题，结果发现有不少戒烟人士居然也都做过类似的梦，而且这种梦都是在戒烟成功后才出现。譬如有一位医生就说：

"在一九四七年，经过六个礼拜的'搏斗'，我成功地将香烟戒掉了，但从那个时候起，我也开始做吸烟梦，不过次数越来越少。起先，大概是一个月梦见一次，但后来就逐渐减少，在过去十年，只梦见一两次而已。这种梦的内容都差不多，通常是我和一群人在一起，因为和别人争论或陶醉在社交的轻松气氛里而忘神，然后突然发现我手上拿着香烟，而且已抽了四分之一。真该死！在好不容易戒烟后，自己竟然又不假思索地吸烟了！"

从精神分析的观点来看，这当然是潜意识的愿望在作怪。从"清扫派"的观点来看，它的"反复发生"，就好像"沾在神经捕蝇纸上的苍蝇一再想振翅飞离"，但"飞"了十年还"飞不走"，也是怪事。"程式派"的伊万斯则认为，戒烟者的大脑是想"删除"吸烟的"程式"没错，但因吸烟又牵涉到很多心理因素，它显然跟其他的"心灵程式"盘根错节在一起，所以不容易删除，而每当与它纠葛的"心灵程式"启动时，它就又被唤起。

性与攻击的愿望改装

弗洛伊德会说，伊万斯的梦是"没有成功"的愿望达成之梦，因为没有经过"改装"，所以会让他产生焦虑，而从梦中"惊醒"。弗洛伊德认为，"成功"的潜意识愿望达成之梦，一定要经过"改装"，譬如下面这位女士的梦（她丈夫是警察）：

"有人闯入屋里来，她很害怕，大声叫喊着要警察来。但警察却和两位流浪汉攀登着许多阶梯，静静地溜到教堂去。在教堂后面有一座山，上面长着茂密的丛林，警察戴着钢盔，佩戴铜领，外披一件斗篷，并留着褐色的胡子，那两个流浪汉静静地跟着警察走，在腰部围着袋状的围巾。教堂的前面有一条小路延伸到小山上，它的两旁长着青草与灌木丛，越来越茂盛，在山顶上则变成寻常的森林了。"

弗洛伊德认为这个刚开始让梦者感到害怕，但后来变为登山、祥和景致的梦，是"性交愿望"的改装。梦中的教堂象征阴道，后面的小山象征阴阜，丛林象征阴毛，头戴钢盔的警察象征阴茎，跟在后面，围着袋状围巾的两个流浪汉象征阴囊的两半，这个"三人小组"正攀登通往教堂的阶梯象征性交。为了逃避意识的检查，梦者以象征的方式来宣泄她的性欲望。

也许因为"改装"得很成功，所以梦者没有丝毫的罪恶感，原先的害怕反而获得抚慰。但也因为这样，梦者也不"觉得"她在梦中达成了什么愿望。在"色情之梦"一章里，我们将对性愿望的达成做更详细的介绍。

又譬如有一位年轻的男士梦见："我看见自己手中握着一把手枪，枪管很奇怪，显得特别长。"梦者在自由联想时说在做这个梦的当晚，他看见另一位青年，而且产生强烈的性冲动（他有同性恋的倾向）。这个梦显然是具有同性恋欲望的满足成分，因为他握着的手枪正是男性性器的象征（男同性恋者的性行为之一是互相手淫）。

大约两个月后，他又做了如下的梦："我手中握着一根又长又沉重的手杖。那种感觉就好像是我正在抽打着什么人——虽然在梦中没有其他人存在。"有了两个月前的那个梦，我们可以说梦中又长又沉重的手杖也是男性性器的象征，而以手杖抽打某人正是同性恋行为的象征。但梦者在自由联想时却说，在做梦的前一天，他对他的大学教授颇感愤怒，因为他觉得教授对他不公平。但他太软弱了，不敢当面向教授提出任何抗议，在入睡前，他曾以幻想报复（温和的）来宣泄内心的愤怒。因为有这种白天经验的残留，所以梦中的手杖可能是愤怒与攻击的象征，而他所抽打的对象——教授，也许因通不过意识的检查而无法在梦中出现。由此看来，这个梦可能是"性"或"攻击"愿望的满足，或两者兼而有之，但都已经过改装。

其他的潜意识愿望

潜意识的愿望并非只有性与攻击两种，而愿望的改装也并非只有使用"象征"一途。下面就是另一些例子：

一个年轻的医生收入微薄，在填报所得税时就据实地填报，当晚他就做了一个梦："我朋友告诉我，税务人员对于我的收入申报数字表示怀疑，认为我以多报少，以便逃税，因此将罚以重金。"因逃税而被罚以重金的梦似乎是"反愿望"，其实这梦伪装了他一个更大的愿望——"希望成为收入丰盈的名医"。

一位女士梦见："我想准备晚餐，但手头上只有熏鲑而已。我想出去采购，又偏巧是礼拜天下午，所有商店均关门休业。我想打电话给餐馆，偏偏电话又断了线，因此我最后只好死了这条做晚餐的心。"这位女士在梦中要做晚餐的愿望连连受挫，根本不能达成，但做晚餐并非梦者潜意识里的愿望。在分析过程中，她联想到在做梦的前一天，自己去拜访一位女友，梦者的丈夫经常赞美这位女友，而使梦者有一些妒意。这次去拜访时，她发现女友比以前瘦很多，而她（梦者）丈夫却喜欢身体丰满的女人。女友告诉她，自己恨不得再长胖些，并且问她："你几时能再邀我吃饭呢？你做的菜永远那么好吃。"

梦者的心里也许在想："哼！我才不请你去我家吃好菜，如果让你长胖了，再使我先生动非分之想，那我宁可晚餐都不煮！"因此，这个梦含有不请那位女友吃饭，不使她丰满的愿望。另一方面，梦中出现的熏鲑正是她女友最喜欢吃的一道菜，所以，梦中也含有梦者对女友的"仿同作用"。她取代了女友，因为丈夫经常赞美女友，她内心非常企盼能挣回丈夫对她的爱。这两种含义都代表"愿望的达成"。

一个愿望的未能达成，往往象征另一个愿望的达成，下面是另一个例子：弗洛伊德有一个非常聪明伶俐的女病人，在弗氏告诉她"梦是愿望的达成"后，当天晚上她做了一个梦：她梦见她与婆婆一道去避暑。但这个病人事实上非常不喜欢和婆婆在一起，因此，这个梦与弗洛伊德的理论背道而驰。弗洛伊德认为："病人最大的希望就是希冀我的一切都是错的，而这梦也就正满足了她这种希望。"因为在病人接受精神分析治疗的过程中，她曾否认弗洛伊德所断言的一件事，但事后证明弗洛伊德是对的，她因此不自觉地希望有一天能证明弗洛伊德的话是错的，而以上述的梦来表达这种愿望。

意识与潜意识愿望的联袂演出

有时候，意识的愿望会跟潜意识的愿望联袂演出。譬如下面这位法学界人士所做的梦："我梦见我挽着一位妇人的手，在我家门口附近散步。有一辆门关着的马车停在街旁，这时突地闪出一个人，走到我面前，出示他刑警的身份，并要我同他一道去警察局。当时，我只要求他给我一些时间处理一些事物，再跟他走……"

梦者在自由联想时透露出一条他在陈述梦时没有提到的线索——警察想以"杀婴罪"的罪名拘捕他。做梦前一天最具参考价值的经验是他和一位有夫之妇睡觉，隔天一早醒来，又和她发生一次关系。以前在一起时，他都以性交中断法来避免怀孕（如果不幸怀孕的话，东窗事发，两人均会身败名裂），但在清晨的这次性关系中，他无法确定自己有做过避孕措施。在这次避孕可能失败的性交后，他又睡着了，而做了上述的梦。

　　这个梦含有两个与白天经验有关的意识愿望，一个是他挽着那妇人的手在自家门前的街上散步，这表示他希望能光明正大地带她回家，而不必像现在这般偷鸡摸狗。另一个更大的愿望——他犯了"杀婴罪"，这表示婴儿是不会活着或生下来的，他的避孕是成功的。

　　但在自由联想时，他又从他的"情感垃圾箱"里翻出一件旧事——几年前，他与一位少女发生关系，而使她怀孕，为了彼此的名誉，她悄悄去堕胎。事先不知情的他，在事后一直为少女怀孕的事担心了很长的一段时间。也许他也希望万一这位有夫之妇怀孕的话，也能像以前那位少女那样自行去堕胎，那这就是名副其实的"杀婴"了。

　　弗洛伊德在晚年时，对他的理论稍做修正，他认为潜意识中也含有惩罚自己的愿望（依"道德原则"行事的超我，有部分是属于潜意识的范畴），而且这一类的梦多属不愉快的梦。从这个修正后的理论来看前面那个梦，则梦中的警察可能象征梦者的良心，他要惩罚梦者的杀婴愿望，而梦者在梦中也没有抗拒，只是"要求给他一些时间，再跟他走"。

这个梦例显示，一个梦可能含有数个愿望，这些愿望虽与白天残留的经验有关，但仔细分析，却可发现它们与被踢到"情感垃圾箱"中的过去经验也有密切的关系。

愿望的来源与选择

在现实人生里，每个人都充满了愿望，而在"另一种人生"里，我们还是同样充满了愿望。综上所述，梦中所欲达成的愿望大概有以下几种来源：1. 它在白天就被挑起，但却因外在的理由而无法满足，于是将它留给梦，譬如南极探险队员及《枕中记》里的卢生的梦。2. 它也许源于白天，但却为意识所忽略或排斥，但到了晚上却以改装的方式出现在梦中，譬如上述女士准备晚餐的梦及男同性恋者的梦。3. 它与白天的经验无关，是一些虽受到潜抑，但到晚上仍会"复苏"的愿望，譬如戒烟者的吸烟梦。4. 在入睡后，因刺激而临时产生的愿望冲动，譬如弗洛伊德的口渴之梦。

但我们白天没有满足的愿望相当多，并非每一个未被满足的愿望都能在梦中以直接或伪装的方式予以满足，梦对此似乎有所选择。弗洛伊德认为，（白天）意识的愿望只有在得到潜意识中相似意愿的加强后才能成功地产生梦。潜意识的愿望虽被压抑，却具有不可毁灭的性质，只要有机会，它们就会和意识的愿望结成联盟，并且将自己较强的力量转移到较弱的后者上。譬如前述的法学界人士的梦。而对某些人在戒烟成功几年后，突然又梦见吸烟，似乎也可做如是观。

《枕中记》里的卢生，在黄粱尚未煮熟之时，就在梦中达成了他生命中无数的愿望，大梦醒来，发现自己依然是一个落拓书生。卢生怃然长叹："这难道是梦吗？"道士说："人生的适意，也不过是如此罢了！"卢生若有所悟，拜谢道士："夫宠辱之道，穷达之运，得丧之理，死生之情，尽知之矣。"当你在梦中达成你的愿望后，多少也该有这种领悟吧？

第六章

潜意识的智慧——启示之梦

潜意识有较宽广的视野

有很多梦并不是想满足我们什么，而是想提醒我们什么，我将这一类梦称为"启示性的梦"。在古往今来的十大梦观里，以荣格的"洞识派"最能阐释这一类型的梦。

荣格认为，潜意识比意识有更宽广的视野。人在入睡以后，大脑这个资讯处理机会暂时中断与外界的联系，而专注于内部的活动，如果将这种活动视为潜意识的活动，那么在"内视"方面，它的确比意识具有更宽广的视野。这种内视可分为两方面，一方面是"肉体的内视"，另一方面是"心灵的内视"。但不管是肉体还是心灵的内视力，它们的视野虽然较大、感度也较敏锐，却不见得比意识思考来得"清晰"，特别是在"原本思考法则"的运作下，经常只能以扭曲或紊乱的方式出现在梦中。我们要从中获得"启示"，依然需熟习梦的语言及语法，才能解读。

对肉体微妙变化的惊人内视力

亚里士多德很早就说过，肉体细微的变化会以夸大的方式出现在梦中，譬如身体某部分的温度稍微升高，则可能梦见自己"正走过火焰旁，并感到极热无比"。

在医学诊断技术进步后，有一些报告指出，当某人被诊断患有某病后，才发现这种病还在体内潜伏时，它的早期症状就早以象征的方式出现在病人的梦中。譬如有一位男士数次梦见自己的手臂及嘴巴因麻痹而成一种痉挛状态。几个月后，梦境成真，当他在修理收音机时，忽然产生局部麻痹的现象，在接受医疗后才发现，他的麻痹现象是梅毒的并发症。病人何以能在几个月前就于梦中出现梅毒并发症的警兆呢？有一个可能的原因是潜伏的梅毒，外表虽看不出来，但他的动脉也许已受到破坏。入睡后，对外在刺激的敏感度减弱，但对内在器官的刺激反而变得较敏感，周边动脉受到侵袭的轻微刺激遂使他做了如上的梦。

这种例子还有很多。又譬如一位年轻的学生，一连数晚都梦见"自己被一条大蟒蛇缠住了，不能动弹"。后来他觉得身体不舒服而就医，但当时医生却诊断不出什么毛病，直到一年后，他的病情恶化，医生才从 X 光片上看到他的脊椎骨长了一个恶性肿瘤，几乎落得全身瘫痪的下场。肿瘤当然不是一天长出来的，"被一条大蟒蛇缠住，不能动弹"也许正是脊椎肿瘤初发症状的象征化。

又譬如有一位女士一再梦见"自己被压在泥土里，呼吸困难"，两个月后，医生诊断出她得了肺结核。

这些梦均属我前面所说的"肉体的内视"，梦者都是在诊断确定之后，才获得"迟来的启示"。但并非所有"肉体的内视"都只能做这种"事后诸葛亮"。经常在睡眠研究室里研究他人之梦的德门特医生（W.Dement），有一天晚上自己做了这样的梦：

"在栩栩如生的梦里，我发现自己得了无法开刀的肺癌，我瞪着自己胸部 X 光片上的不祥暗影，了解到自己整个右肺都已受癌细胞的侵入。随后，一位同事为我做身体检查，发现癌症已广泛地转移到腋下及鼠蹊部的淋巴结。在晓得我的生命很快就要结束时，我经历了无可言喻的悲痛，我再也无法看到我的孩子长大成人。如果我知道香烟具有致癌性，就能即时戒烟，那什么事也不会发生。"

德门特跟前述的伊万斯一样，都有烟瘾，他一天抽两包烟。当他从这个噩梦中惊醒时，觉得如释重负，仿佛获得重生般喜悦，于是他决定戒烟。

也许因为烟抽得太多，使他肺部感到不适，而做了这样一个梦（心理的担忧当然也有关系），德门特没有说事后他是否去照 X 光，但他确实成功地戒烟了，而且活得很好。这可以说是一个典型的、让人获益匪浅的"启示之梦"。

对童年往事及原型的奇妙视野

梦也可以延展我们的心灵视野，有时甚至伸进记忆黑箱的箱底，让早已被我们忘怀的童年往事又一一浮现出来。譬如莫里报告的一个实例：一个人想回到他已离开二十年的家乡，出发的前夕，他梦见自己置身于一个完全陌生的地方，正与一陌生人谈话。等到他回到故乡，才发现梦中的"陌生地方"正是他家乡的景色，而梦中的"陌生人"也真有其人，是他父亲生前的好友。他小时候看过这些景色、这个人，虽然在白天无法回想起来，但却仍能在梦中重现。

弗洛伊德的一位同事梦见以前在他家做事的女佣和他以前的家庭教师同床睡觉，甚至连颠鸾倒凤的地点也清晰地呈现于梦中。他觉得很有趣，就把这个梦告诉他哥哥，而他哥哥竟说梦中的事在他们小时候确曾发生过。当时他哥哥六岁，而他只有三岁，和女佣睡在同一房里，女佣和家庭教师每当家里大人不在时，便把哥哥用啤酒灌醉，使他迷迷糊糊。他们认为三岁的小孩不懂事，所以就在他面前干将起来。弟弟表面上已经"忘记"了这种事，但在梦里它们又"复活"了。

有一个三十多岁的医生，也曾告诉弗洛伊德，他从小到现在就常常梦见一只黄色的小狮子，他甚至可将狮子的形象清楚地描绘出来。但他不知道为什么老是梦见黄色的狮子，直到有一天他才知道，原来他家确有一只瓷器做的黄狮子，他已经遗忘了，他母亲告诉他，那是他儿时最喜欢的玩具，但他的意识对此完全没有印象。

有时候，潜意识的触须甚至能跨越个人经历，而伸进"种族记忆"的窝巢。在第九章，我们在介绍诸如坠落、飞翔等常见的"典型梦"时，再谈论"种族记忆"的说法，本章只先提较具启示性的部分，也就是集体潜意识中的"原型"。在前面几章，我们已数次提到"原型"，它意指人类思维的一种本能倾向（结构性的），我们也经常会做这种"原型梦"，譬如荣格自己曾做过如下的梦：

"我梦见自己正走过有着一排排坟墓的小径，坟墓上有死者的木刻像。当我走过时，这些木刻像都一个个复活了，最后一个木刻像是一位穿着盔甲的武士，起先看起来死气沉沉的，但没多久，他的一根手指头开始动了起来，显露出生命的迹象。"

荣格认为这种梦不可能来自个人的经验或幻想，而是来自比个人经验更为古老的种族经验。在神话、原始民族的死亡祭典，现代人的梦及精神病人的幻觉中都可以发现如上述的主题——也就是"复活原型"的具体形象。因为它来自集体潜意识，所以它的启示也是集体性的，尝试引导人们去思索、面对"死亡"这个共同的难题。

对偏狭意识生活的纠正与补偿

除了集体性的启示外，"心灵的内视"更常带来的是个别性的启示。我们白天的意识虽然较集中，但也较偏狭、较僵化，而潜意识可以纠正、补偿意识的这种缺点。因此，荣格在解析一个梦时，常会问："这个梦所要补偿的意识态度为何？"

譬如一个年轻人梦见："我父亲开着一辆新车，他开得很不自然，我对他这种笨拙情况非常着急。他忽东忽西、忽前忽后，其间车子停了好几次。最后，车撞到了墙，车子被撞得稀烂不堪。我气得暴跳如雷，大声咆哮，要他自我检讨。可是他只是笑笑，此时我才发觉，他已烂醉如泥。"

梦者觉得这个梦简直不可能发生，因为在现实生活里，他父亲开车的技术不仅熟练，而且非常谨慎，饮酒从不过量，特别是在开车之前更是如此。他父亲若遇到不会开车的人，或者不小心把车子稍微弄坏的人，就会大为恼火。这位青年和父亲的关系良好，他觉得父亲很不平凡，他钦佩父亲的成就，而父亲也很关照儿子的生活。

但在梦中，他父亲却变得相当笨拙可笑，而且梦者对父亲大声咆哮，要他自我检讨。若照弗洛伊德的理论来解释，这个梦乃是儿子痛恨父亲，意欲攻击父亲的替代性满足，也许还牵涉到幼儿时期恋母恨父的俄狄浦斯情结。

依荣格的理论来看，梦者之所以会编出这样一个不可能的梦境来损害其父亲的名誉，表示梦者的潜意识里一定存在有产生此梦的明显意图，他的潜意识很显然是要贬低其父亲的价值。潜意识为什么要贬损他的父亲呢？因为梦者的意识把父亲看得太伟大了，他事事依赖父亲，而没有发挥他个人的能力。潜意识因此对意识提出"责备"，在梦中尝试降低其父亲的地位，以提高自己的价值，这就是潜意识对意识的"补偿"。这个梦好像在提醒他，不能老是依赖父亲，而应该要有自己的主张，发挥他个人的潜能。

又譬如下面这个梦例：某人去拜访 B 先生，B 先生素以智慧及仁慈而为人所乐道。他逗留了约一小时后才离开，内心有种得以瞻仰一个伟大而仁慈长者的喜悦感觉。当天晚上，他做了一个梦：

"我看到 B 先生，他的脸和昨天所见的非常不同。我看见一个显露残酷及严厉的脸孔。他正哈哈大笑地告诉别人，说他刚刚欺骗一个可怜的寡妇，使她失去了最后的几分钱。这一印象令我有种惊讶、激动的感觉。"

做梦者自己说，当他刚走进 B 先生的房间，乍见他的脸时，有种一瞬即逝的失望感觉，但这种感觉在他和 B 先生开始热忱而友善地交谈后，就消失了，而且在谈话结束时，他内心充满了喜悦。但为什么在梦中出现的 B 先生却变成"残酷而严厉"的人呢？也许这才是做梦者在内心深处对 B 先生真正的看法（跟他乍见 B 先生时的印象一致），但因为"大家都说"B 先生是一个仁慈的人，这种公众意见在白天的清醒生活里阻碍了他对 B 先生直觉的不良印象，其实梦中浮现的景象才是他对 B 先生的"真实概念"。后来他与 B 先生进一步交往后，他逐渐发现，B 先生果然像他梦中所见般是个残酷而严厉的人。

潜意识在这个梦中显现了它独特的智慧，它经常具有比意识更优越的洞识力。

深具启示性的"内在之声"

有时候，一个梦可以改变一个人的人生方向。譬如下面这个梦例：

有一位作家得到一个可以比目前赚更多钱的职位，但却必须被迫撰写他所不相信，且违反他人格完整的东西。由于这个职位很诱人，只要想到它可能带来的金钱及声望，他就无法确定自己是否能加以拒绝。在白天清醒时，他将这个问题做典型的合理化：他告诉自己，问题没有自己想象得那样严重，即使自己写些言不由衷、违背人格的东西，时间也不会太久，只要赚够了钱他就可以立刻离开。这些钱可以使他完全独立并自由地做自己认为有意义的事，而且还可以帮助亲戚和朋友。在这种合理化之下，接受这个职位成了他的"道德义务"，若拒绝它反而成为自我放任、自我中心态度的表现。但他还是犹豫不决，有一天晚上做了如下的梦：

"我坐在一辆停在高山脚下的汽车里，该处有一条通到山顶的狭窄而特别陡峭的路。我怀疑是否应该开上去，因为路看起来很危险。但是一个站在汽车旁边的人叫我开上去，不必畏惧。我听见他的话，并决定遵从他的劝告。于是真的开上去，路越来越危险，但已没有办法让汽车停下来，因为那里不能回头。当我接近山顶时，引擎突然停止，刹车失灵，于是汽车向后滑回去，并坠向万丈悬崖！我惊醒过来。"

在这个梦里，做梦者透露了他内心深处（潜意识）对是否接受那份职务的看法。必须一提的是，梦中那位劝他不必畏惧开上山去的人，是他以前的一位画家朋友，这个画家"出卖自己"，成为受人欢迎的肖像画家，他赚了很多钱，但同时也丧失了创造力。他知道这朋友表面上虽然成功，但却为出卖自己而感到空虚、痛苦。那条通到山顶的山路象征在诱惑他的职务，在梦中它是"狭窄而陡峭"的，明白告诉他那是危险的。

这位作家的意识经由"合理化作用"，已准备接受违背其志趣的工作，但在夜梦中，他的潜意识却提出"警告"——偏狭的意识若一意孤行可能会使自己"坠向万丈悬崖"。这个梦充分提醒他所面临的处境及可能的后果，他最后决定听从自己的内在之声，为维持人格的完整而放弃那项职务。

一个令人刮目相看的数字梦

有些梦不仅能提醒做梦者，而且在这种提醒中还表现出惊人的心智功能。譬如有一个中年男士 A 君，因面临外遇引起的心理冲突，而接受荣格的精神分析。在分析过程中，他做了一个与数字有关的梦，其相关的片段是这样的：

"分析学家（即荣格）问我和情妇在一起时做什么事，我说是在赌博，而且数字总是很大：一百五十二。分析学家遂对我说：'你被骗得很惨。'"

"一百五十二"这个数字鲜明地呈现于梦中，似乎暗藏了什么玄机。荣格要他自由联想，结果这个数字使 A 君想起他每个月因外遇而产生的开销约为一百五十二法郎（实际上是在一百四十八到一百五十八法郎之间）。"赌博的数字很大"似乎表示 A 君对婚外情所付出的代价耿耿于怀。但在梦中，A 君却又通过分析师之口提醒自己"被骗得很惨"，这暗示此梦可能有更深一层的含意。最后，A 君终于痛苦地提起他心中的一个痛处，虽然他的情妇坚称是被 A 君所"破瓜"的，但 A 君却也清楚记得他第一次和她燕好时，她并非处女，而已失身于某人，那件事很可能发生在 A 君开始追求她却被她所拒的那段时间。

这个数字也使 A 君联想到"手套的大小""枪炮的口径"。他第一次和情妇性交，就觉得她的阴道入口太宽，而没有预期中的处女膜横阻。"赌博中的数字太大了"，而且他"被骗"了。荣格认为，A 君的潜意识很自然地利用这个数字来抗拒此一不正常的关系。

有趣的是，"一百五十二"这个数字在往后更进一步的分析里，居然和 A 君情妇"住屋"（可象征"阴道"）号码相同。当 A 君初认识她时，她住在 X 街十七号，后来又搬到 Y 街一百二十九号，再搬到 Z 街四十八号。这三个号码相加显然已超过一百五十二，而成为"一百九十四"。但情妇在 A 君的怂恿下，搬离 Z 街四十八号，现在则已改住在 A 街六号，"一百九十四"减"四十八"加"六"，刚好是梦中的那个数字"一百五十二"。

这个梦要带给 A 君的启示相当清楚：他和情妇的关系是一场"赌博"，赌注很大，而且他"被骗得很惨"。而"一百五十二"这个数字所要带给我们的启示是：如果它不是巧合，而是像荣格所分析的那样，那我们对潜意识的"智慧"恐怕要"刮目相看"了！

笛卡尔的"理性圣灵降临"之梦

其实，有不少科学家及艺术家都说他们曾从梦中获得创造的灵感，我们在第十章里将做详细的介绍，这里只先提哲学家笛卡尔在一六一九年十一月十日那天晚上所做的三个梦，笛氏一直将这三个梦视为其生命的转折点，而马利坦（J.Maritain）更说，这一夜是"理性的圣灵降临节"。笛卡尔曾详述他的梦境，可惜原作已丧失，下面是他的第一位传记作者巴耶（A.Baillet）所作的描述：

"在笛卡尔刚睡着的刹那，他见到了一些幻影，因而大吃一惊。他觉得自己正在街上行走，被一个幻影吓得身体向左倾斜着前进，因为他觉得身体右侧一阵虚弱，使他无法站直。他对这种行走姿态颇感尴尬，于是他奋力振作精神，这时忽地一阵狂风吹来，使他不禁打了三四个回旋。他困难地前进，几乎每一步都要倾倒。最后，他终于见到路旁有一所敞着大门的学校，于是他便进入寻求庇护。他竭力向学校的教堂走去，心中浮起祈祷的念头。

这时，他忽然发觉自己走过了一位朋友而没有和对方打招呼，他想转回去表示礼貌，但却被一阵吹向教堂的强风所阻。接着，他又看到另一个人在校园中，礼貌地向他打招呼，亲切地叫他的名字，同时对他说，如果他是去见 N 先生的话，他有东西托他带去，笛卡尔想那是从外国带来的一只胡瓜。令他惊讶的是，他发现在他和这个朋友四周的人，都能够笔直地站着，只有他仍旧身体倾向左边跟跄摇摆，虽然那阵要将他吹倒的风，此时已减弱了许多。"

笛卡尔从梦中醒来，觉得身体一阵痛楚，他想大概是自己向左侧睡才做这个梦，于是他立即将身体转向右侧。但他同时也担心这个梦可能是恶魔诱惑他的恶作剧，所以他向上帝祈祷，求他保护，免除梦所带来的不祥影响以及由于他的罪所可能招致的一切不幸。

在将世上各种善恶之事想了两个小时后，他又进入梦乡。但不久又做了一个梦：他觉得自己听到一声巨响，他以为是雷鸣，立即惊醒了过来，睁眼一看，只见房里有许多强烈的火花。他以前也曾见过这种现象，对他而言，午夜突然醒来并不稀奇，何况还有足够的光线让他看到附近的东西，但他此刻却急于想回头去寻思哲学能给他什么解释。当他闭眼又睁眼，觉得眼前的东西并没有什么改变时，他为自己做了一个适意的结论。于是，他的恐惧感消失了，带着和平宁静之感再度入睡。

启示"心物二元论"的梦

　　不久，他又做了第三个梦。在这个梦中，他看见桌上有一本书，不知是谁放的，他信手将它打开，发现那是一本字典，心中颇为高兴，因为他想字典对他也许非常有用。就在这时，他发现手底下又有一本书，这本书他不熟悉，更不知来自何处。仔细一看，发现那是一本诗集，是许多作家的集体创作，共分五部分，在里昂及日内瓦等地出版。他好奇地打开来看，但见眼前浮现如下的诗句："选择何种生活？"就在这时，一个陌生人递给他一首以"是与否"为开头的诗句，并大加赞美。

　　笛卡尔对那人说，那是恩索尔尼厄士的田园诗，桌上的诗集里就有这些诗。他想将这些诗指给那人看，于是打开诗集，翻寻它们的位置，他对此颇为自豪。当他正在找时，那人问他这本书是哪儿弄来的，他说他也不清楚，只知道刚刚手里还拿着另一本书（字典），但却突然不翼而飞了。他的话还没说完，字典又忽然在桌上的另一端出现，但他可以看出字典已不像先前他所见到的那样完整了。

　　就在这时，他从诗集里找到了恩索尔尼厄士的作品，但却找不到那首以"是与否"开端的诗。于是他对那人说，他知道同一诗人的另一首诗更美，是以"选择何种生活？"做开头。那人要他找出来，但当笛卡尔去找时，他在书中发现了几帧铜版小照片，他觉得这本书真美，但并非他所知道的那种版本。当他正忙着找那首诗时，那两本书和那个人却在不知不觉间消失了。

现实人生的"回光"与"返照"

笛卡尔做这些梦时，年龄二十三岁，在做梦的前一天，他那孕育已久的"心物二元论"思想似乎处于快要分娩的状态中，有一种就要获得突破的感觉。而在做完梦的隔天，他还特别到圣母那儿做了一次许愿的参拜。他显然知道这三个梦对他所代表的启示作用，在第三个梦还未结束时，他在梦中就开始去解那个梦了，他认为梦中的那本字典象征与"科学"相关的知识，而诗集则象征了与"哲学"及"智慧"相关的东西。

曾经有人请弗洛伊德解析笛卡尔的这三个梦，但弗氏颇为迟疑，他说如果未使梦者对梦的内容做自由联想，是无法准确判断的。虽然无法让笛卡尔起死回生，但我们仍可借用荣格的观点对这三个梦做"展望性"的解析。在第一个梦中，一阵旋风使笛卡尔走路时身体向"左"倾斜，觉得"右"侧身体虚弱。"左"与"右"在世界各民族中均有象征意义，"右"代表正直、刚强、光明、理智，"左"则代表邪恶、阴森、黑暗、感性，身体向"左"倾斜可能意味着理性与感性的失衡，他太偏向于感性了，而他想寻求庇护的"学校教堂"正象征着"理性之光"。

在将世间的各种善恶想了两个小时后所做的第二个梦，听到一声轰隆巨响，可能象征他所得到的启示之声。在第三个梦中，他先看到一本可能非常有用，象征科学与理性的"字典"，但却被另一本象征感性、美学的"诗集"所吸引，打开一看，看到的是那首与"选择何种生活"有关的诗，然后，一个人拿着以"是与否"开头的诗同他搭讪，这似乎暗示在"理性"与"感性"之间，他该"选择何者"。在寻找诗句时，那本"字典"却不翼而飞，等到再出现时，已不像原先那样完整。而笛卡尔最后也没有找到他所要找的诗句，反被一些很美的相片所吸引。

了解笛卡尔思想与生活的人，不难看出上述梦境仿佛是他思想与生活的缩影，他的思想非常清晰，是人类理性的结晶，但生活却极为混乱，充满了感性。在梦中，潜意识为他指出了这种二元的矛盾，而终其一生，提出"心物二元论"

的笛卡尔，他的思想面与生活面也是充满了这种矛盾。

在梦中，我们经历了"另一种人生"，虽然它经常只是现实人生的"回光"，但它也经常能"返照"现实人生，从而让我们获得启示。

第七章

午夜惊魂——恐怖之梦

最不受欢迎的梦

如果说"人生不如意之事，十之八九"，那么"不如意之梦"，恐怕也是"十之六七"。若将梦分为"好梦"与"噩梦"两大类，那么让人感到焦虑、痛苦、恐惧的"噩梦"，显然要比带来欢乐、甜美、安静的"好梦"来得多。

十八世纪的英国名画家富塞利（J.H.Fuseli）有一幅题为《梦魇》（The Nightmare）的名画，画中一个沉睡的女人瘫在床榻上，双臂和头部都垂到榻外，虽然姿态撩人，但显然是在做痛苦的挣扎，因为一个恐怖的侏儒正重重地压坐在她的胸口上，而在黑暗中，一匹双眼冒火的牝马（mare，与nightmare 的字尾暗合）正诡异地注视这一幕。

这幅画相当传神地描绘了一般人对梦魇（噩梦）的看法，"胸口有一种透不过气来的压迫感"正是很多做噩梦者的共同感觉，而中文里的"魔"字从"鬼"从"压"也生动地表达了这个意思。

小说家爱伦·坡则在《阿瑟·戈登·皮姆历险记》(The Narrative of Arthur Gordon Pym)里，对梦魇的内容做了相当精彩的描述：

"我的梦充满了最可怕的情景，每一种不幸和恐怖都降临到我身上。在巨大的枕头间，我被最狰狞、最战栗的恶魔折磨得快窒息而死。硕大的毒蛇拥抱着我，用它们可怕的眼睛热情地瞪着我的脸。然后是无边无际的沙漠，最孤寂、最令人毛骨悚然的景致在我面前伸展开来，高大、灰白而光秃的树干一棵棵竖起，在我目力所及之处无尽延伸。它们的根部都隐藏在一个宽阔的沼泽里，沼泽的水阴郁而污黑，底下埋藏了可怕的东西。这些树似乎拥有人类般的生命力，正摇摆它们如骷髅般的臂膀，哭泣地向静默的沼水告饶……"

在各式各样的梦中，这种让人焦虑、痛苦、恐惧的梦魇可以说是最不受欢迎的。

REM 睡眠期的焦虑发作

不过我们仍需先区分两种梦魇，一种是在正要入睡或刚刚入睡时所产生的梦魇，另一种是在沉睡之后才做的梦魇。前者通常没有太多"生动"的情节，睡者只是感觉到有什么东西压在身上（譬如"一只大蜘蛛"或"一个鬼"），呼吸窘迫，自己想挣扎，但身体及四肢却不听使唤，想发声求救，也说不出话来（旁人只听到含糊的呻吟声）。这主要是"肉体疲惫"与"精神亢奋"的双重刺激所致。疲惫的肉体已经累得偃旗息鼓了，但亢奋的精神一时还无法入睡，胸腹部肌肉的松弛沉坠、血压的下降等生理刺激传到脑部，产生压迫感的错觉。亢奋的精神想指挥疲惫而"先睡"的肉体，但却指挥不动，因此而产生了如上的梦魇。

真正的梦魇应该是指沉睡后相当长一段时间才出现的那种。有些学者将梦魇称为"REM 睡眠期的焦虑发作"，它通常发生在睡眠周期的后半段，在正常做梦期中梦见极为焦虑、恐怖的情景。譬如梦见自己或亲友被恶魔或怪兽追杀，有阴森、诡异而血淋淋的场面。这种梦通常是既"恶"又"长"，而且栩栩如生的，梦者在最后都会被吓得惊醒过来，全身冒冷汗。经常做噩梦的人，严重者甚至会恐惧睡眠，不敢闭上眼睛，以免为"噩梦所扰"。

根据调查，三岁到七岁的小孩最容易做噩梦，此后随着年龄的增加会慢慢减少做噩梦，但到成人时，仍有 10% 的人偶尔或经常做噩梦。爱伦·坡、柯勒律治、卡夫卡等知名作家都是经常做噩梦的人（他们的作品也刚好都具有"诡异"的特色）。柯勒律治在写给友人的信中说，他"四个晚上有三个晚上会从惊叫中醒来"，噩梦令他"生不如死"。

焦虑之梦与性冲动

为什么会做噩梦？梦魇中的魔鬼、怪物或恐怖景象是否有什么特殊的含意？对这些问题的解释就像对普通梦的解释一样，众说纷纭，而且每一种说法都各有道理，各能解释一部分的梦魇。

弗洛伊德在《梦的解析》里，并没有特别提到梦魇，但他认为"焦虑的梦"与性冲动有关。他曾提到一个二十七岁的病人，在十一岁到十三岁之间反复梦见"一个男人拿着斧头在追赶他，他想要逃开，但他的脚似乎麻痹了，不能移动半步"。在分析里，弗氏认为这和病人童年时（装睡）听到父母性交时的奇怪声音和看到奇怪举止有关。他说："成人之间算是家常便饭的性交却会使看见的小孩感到奇怪，并且导致焦虑的情绪……因为这种性激动不能为小孩所了解，并且因为父母牵涉在内而遭受排挤，所以转移为焦虑。"在小孩子的心目中，这种性行为含有暴力与恐怖的成分，而梦魇可能就是这种暴力与恐怖的具象化。

柯勒律治在他的笔记本里，曾记载了一个噩梦：

"在这个可怕的梦中，一个有着斑驳黑纹的女人紧紧抓住我的右眼，想要把我的眼睛挖出来，我则死命抓着她的手臂抵抗——这种感觉真恐怖。华兹华斯听到我的尖叫声，也大声呼喊，但他只是大喊，而没有跑过来相劝，我觉得他真残忍，直到听到他第三次大喊，我才从梦中醒过来……"

从精神分析的观点来看，这似乎是个"阉割焦虑"的梦。因为"掏出眼睛"乃是"去势"的象征，梦中要掏出柯勒律治眼睛的"有着斑驳黑纹的女人"可能是他迷恋的一个女人，而这种迷恋让他产生道德上的罪恶感。这种解释虽然"有趣"，但更可能是由生理刺激引起的。在前一个梦中，也许是做梦者的腿在睡眠中被什么东西压到了，生理刺激引发"脚似乎麻痹了，不能移动半步"的梦魇。柯勒律治说，他醒来后，发现自己的"右眼睑肿了起来"。梦见有人要挖他的眼睛虽然可怕，但不可能使眼睛真的肿起来，更可能是先有眼睛肿，然后才做那个梦。

感官知觉的客体化

　　有很多梦魇其实是来自身体感官知觉的客体化。在日常生活中，我们常用"蚂蚁在头皮上爬来爬去"，"胃里面满是蜘蛛"等来形容我们的感官知觉，因此，若在梦中出现这种"概念的影像化"，可以说相当合理。

　　在前一章我们曾经提到一个脊椎骨长了恶性肿瘤的青年，梦见自己"被一条大蟒蛇缠住，不能动弹"，这虽是一种敏锐的"内视力"，但在感官知觉的客体化过程中，就成了一个典型的梦魇。

　　被客体化的感官知觉，有时候是来自过去的经验。譬如有一个因胃癌而手术的英国妇人，在手术成功后数年，做了一个梦：

　　"我和我丈夫，还有我们的两个友人（也是一对夫妻）到看起来像美国的地方旅游，我们玩得很愉快。我们看着黑人小孩和白人小孩高兴地玩在一起，跑进又跑出海水。我们沿着游览的路径走，我发现有四个我们在英国认识的人总是走在我们前面，但他们是我的敌人。后来我看到一条黑色的香肠，尾端和一条红色的香肠系在一起，突然之间，两条香肠翻腾起来扭在一起，变成一条可怕的响尾蛇。响尾蛇蜿蜒地朝我爬来，但我却无法动弹，当我倒在水泥地上时，它想钻进我的体内，我则一再拼命地捏紧它的头，不让它从我的嘴巴爬进去，我疯狂地叫喊，向我丈夫求救，但他们似乎都陷入昏迷状态中，无法过来救我。我一直捏挤响尾蛇可怕的头，免得它杀了我，最后我惊叫地醒过来，全身冒冷汗，才发现这是一场梦魇。"

虽然病人已复原，但过去的记忆或者是伤口的慢性疼痛，却使她梦见一条响尾蛇要进入她的消化道"咬"她。

无法理解的特殊经验

小孩子多梦魇，有一个原因是他们对真实与虚构尚欠缺明确的区分能力，常将电影或故事书里的恐怖情景搬入自己的心灵剧场。而且他们对现实生活里的某些特殊经验，也会因无法理解，而渲染上恐怖的色彩。譬如一个人在儿童时期一直梦见"一根棍子，棍尾有一群泥泞的婴儿"，更详细的梦魇如下：

"我正沿着一条巷子走，路的两旁有某些颤动的小东西，像是雏菊。梦中的每件东西都呈现僵直的恐怖状态，且像煤气灯火焰般颤动着，天空像是要打雷的样子，四周笼罩着一种不祥的征兆，我知道某件恐怖的事情即将发生。果然无法想象的大灾祸降临了，所有的东西都膨胀起来，然后全部通过一个小小的不可思议的空间，而从另一端出来——我最感到恐惧的时刻就是当所有的东西都膨胀起来的时刻。"

从表面上看来，这似乎是儿童性欲的幻想产物，"一根棍子""所有的东西都膨胀起来"象征勃起的阴茎，"通过一个小小的不可思议的空间"象征进入阴道之中。但在病人的联想里，他却想到了一岁半时的一次恐怖经验：大人们带他到野外散步回来，把他和野生的风信子放在桌上，他拿起花来就吃。保姆进来看见时大喊一声，但吃下去的风信子已吐不出来，最后只好请医生洗胃，此后他就病得很厉害，并且做上述的梦魇。这个联想很清楚地显示"棍子"象征插进他喉咙中的洗胃管，而"一群泥泞的婴儿"象征他的疾病与呕吐。"颤动的雏菊"是在插胃管时，医生所穿上衣上的贝壳纽扣逼近他眼前的景象再现。"僵直的状态"是插入胃管时，全身动弹不得的感觉，他当时的心情正像"煤气灯火焰般颤动着"，知道某件恐怖的事情将发生。然后胃管伸进他的喉咙、食道……"所有的东西都膨胀起来""通过一个小小的不可思议的空间"。

这可以说是小孩对其无法理解，但却认为非常恐怖的洗胃经验记忆的"再现"，它在梦中以象征的方式呈现，生动地显示了一个小孩对某些问题的概念。

感官知觉、性象征与原型

下面这位青年的梦魇相当有趣：

"我梦见一条摸起来很敏感的乳白色的蛇，这条蛇不停地前后蠕动着。它似乎一点也不属于我，而我也未拥有它。它只是在那儿，在半空中！然后恐惧来自蛇的尾端，当它出现时，蛇就萎缩而消失了，然后变成一只吸血蝙蝠。在某种无法了解的力量支配下，我觉得自己整个被撕裂开来，我被吓呆了，觉得一定要想办法来破除这个咒语才行，我旋转着，但恐惧仍向我逼来——那条蛇、那只吸血蝙蝠并没有干什么，它只是悬浮在那儿，悬在我的上面。当吸血蝙蝠过来时，我尖叫起来并且哭喊：'我不会再干那种事了，我不会再和性发生任何关系。'我蠕动且旋转身体想摆脱那只吸血蝙蝠。"

梦者在梦中自行透露这个梦魇和"性"有关，整个梦魇从头到尾可以说是性欲由兴奋至手淫射精最后消退的客体化。"乳白色的蛇"是阴茎的形象化，"前后蠕动""不属于我""在半空中"是因兴奋而勃起的感觉，来自蛇"尾端"

的恐惧使蛇"萎缩"代表射精后的感觉，而"吸血蝙蝠向他逼近""悬在他的上面"则是射精后骨盆区器官感觉的客体化（他觉得所有的血和精力都被"吸光"了）。

虽然这个梦是入睡前手淫残留的感官知觉的客体化，但以"不停蠕动的蛇"来"客体化"他勃起的性器，也相当符合弗洛伊德的"性象征"说法。

另一个有趣的问题是，在这个及上述几个梦魇中，为什么感官知觉总是被"客体化"成蛇、吸血蝙蝠等在现实生活里很少看到的东西呢？

荣格认为，出现在梦魇中的恶魔、貌丑而心狠的巫婆、从地底冒出来的怪兽、龙、蛇、吸血蝙蝠、自海底深处冒出来的巨大章鱼等，也常见于各民族的神话及童话中。这些恐怖的东西可能是一种原型，它并非来自个人经验，而是来自种族经验，也就是集体潜意识。它来自亿万年古老经验的累积，是史前事件的回声，每个世纪都仅增加极少量的变化差异。

即使梦魇中的恶魔和怪兽不是集体潜意识中的原型显影，也可能是人脑在知觉转换上的一种共同特征，就好像世界各民族的酒瘾患者，在他们的幻觉中总是会出现蛇或似蛇的怪物。

心理创伤产生的反复性梦魇

梦魇也有可能来自个人过去的心理创伤，而其中最常见的莫过于残酷战争中的幸存者。在第二次世界大战期间，有一位名叫查理的美国士兵被德军俘虏，他的两条胳膊都断了，和其他生病的俘虏被关在阴森、老鼠猖獗的地牢里。他和垂死的伙伴在黝黑的地牢里，要随时提高警觉，躲开老鼠的骚扰，黑暗中不时传来同伴被老鼠活活咬死前凄厉的哀号声。

在退役后三十年间，昔日地牢中的恐怖景象、猖獗的老鼠以及伙伴痛苦的哀号声仍不时进入查理的梦中，让他满身冷汗地惊醒。即使在白天清醒时，也会经常陷入惊惶状态中，感到恐惧、胸痛、流冷汗、恶心等。

越战后，不少回到美国本土的士兵，会在白天发生适应困难，在夜里则为梦魇所扰。几部以越战为题材的电影，对这种梦魇也都有戏剧性的表现手法。

事实上，在第一次世界大战后，就有不少退伍军人一再梦见战场上的恐怖、悲惨情景，这些噩梦使病人的身心极度痛苦，有些人甚至怕得不敢入睡。原来主张"梦是愿望达成"的弗洛伊德，也因此对他的观点做了修正，他认为这些反复性的、逼真的恐怖梦境"乃是试图借忧虑的滋长来恢复对刺激的控制能力"。也就是说，当事者在过去身临某个令他受到创伤的情境，他要弥补失败，所以在梦中重新架构恶劣的环境，与之再度遭逢，试图重新控制它，借以抚慰心灵的创伤。

但更简单的说法也许是，这些经验执拗地"黏附"在神经通道上，神经"清道夫"一直想"扫掉"它，但却一直难以连根拔除。

人格解体产生的梦魇

有一种梦魇相当怪异——在梦中被肢解、残缺不全的身体（大部分是自己的身体）、四肢被砍断、头颅裂开来、五脏六腑被撕扯出来、骷髅、遗骸等，甚至梦见自己死亡（被处死），它有一个名称叫作"毛骨悚然的梦"。

为什么会在梦中一再出现残缺不全的肢体、头颅、进出的五脏六腑等令人毛骨悚然的画面呢？美国康涅狄格大学的精神科医生斯通（M. Stone）说，这意味着做梦者的人格已经开始解体，它可能是精神病最初且唯一的迹象。"好像病人的脑中已出现某种缺陷，使他在梦中无法看到完整的自己。"脑中的缺陷使病人在夜晚的梦中看到残缺不全的肢体，在白天的生活里，则造成人格的分崩离析。

精神病人的"视幻觉"正具有这种特性，其实，我们也可将病人的"视幻觉"视为"白天的梦境"。在精神科的绘画疗法里，病人常会以画面来呈现他们的视幻觉。譬如一个患有"青春型精神分裂症"的少女，就根据她的恐怖幻觉，画了一个人面树身的"树人"抓着一颗血淋淋的人头的画。

戈雅（Goya）与恩索尔（Ensor）分别是十八世纪及十九世纪的知名画家，但两人却不幸在成名之后罹患精神疾病。从他们罹患前及罹患后的作品转变，不难想象在夜晚的睡眠中折磨他们的梦魇是什么，残缺不全而恐怖的人体，正象征着他们的人格已日渐解体。

精神科的大量观察显示，精神病人夜晚所做的梦，"美梦"出现的概率与正常人差不多，但"噩梦"出现的机会则较正常人高。经常做噩梦，特别是如上面所说的，梦见被肢解、残缺不全的躯体、骷髅、血淋淋的五脏六腑等，可能表示梦者的人格开始解体了。

惊醒是唯一的解脱

看了以上的介绍，也许有些读者已掉进另一个"梦魇"

中，觉得自己晚上做噩梦，可能是因为内在的器官有什么潜在的病变或是自己的人格正在解体之中。其实，大部分的人偶尔都会做一些噩梦的，有些人甚至渴望做噩梦，譬如一个专门写恐怖小说的女作家拉德克利夫（A.Radcliffe），她在入睡前就专门吃难以消化的食物，希望"噩梦连床"，以获得写小说的灵感。

其实，从梦魇中惊醒过来，那种解脱感，是人生难得的"美妙"体验。

第八章

春色无边——色情之梦

色情梦有定义上的困难

在从梦魇中解脱出来后，接下来想换个口味，谈谈"色情梦"。

色情梦虽然望文即能生义，其实却有着定义上的困难，这主要是来自对象征如何解释的问题。在第三章里，我们曾提到弗洛伊德所说的梦中的各种性象征，通过这些性象征，一个表面上稀松平常，甚至枯燥的梦，往往会被解释得"春色无边"。这种解释当然有它部分的真实性，但如果说，我们所有的性欲望（意识层面和潜意识层面的）在梦中都需以伪装的方式来呈现，却也是严重背离经验法则的说法。

自古以来，有不少民族认为赤裸裸的交欢梦并非"色情梦"，而是别有"含意"。譬如梦见和已婚妇人性交，表示梦者"可以得救"，而梦见和母亲性交，则表示他能"得到很多智慧"。罗马的恺撒大帝曾梦见和母亲性交，当时的释梦者说这代表他"将拥有大地"。

反之，"非性"的梦却经常被认为有"性"的含意。这种观点也并非始自弗洛伊德，《犹太法典》在提到一个人梦见"用橄榄油洗一棵橄榄树"时，即说这是一个"母子乱伦"的梦（它的象征手法类似"煮豆燃豆萁"）。而公元二世纪有名的释梦者阿特米多鲁斯（Artemidorus）也曾提到一个妇人梦见"麦秆从她的乳房发芽长出，然后往下弯，伸进她的阴道中"，他说乳房长出的麦秆象征妇人的儿子，此梦意指妇人和她儿子发生性关系。

定义色情梦的困境主要来自象征的适用性，当我们以别的东西来象征性交时，那么性交也可以象征别的东西。不过，并非梦中出现的东西一定就象征另一种东西，就像弗洛伊德的弟子琼斯（E.Johnes）所说："只有被压抑的才是被象征了的，也只有被压抑的才需要被象征"，但什么是"被压抑的"，显然有个人的差异性，这是我们在鉴别色情梦时，一个很重要的指标。

圣女特蕾莎的"色情梦"

道德意识越浓厚的人，在性方面越需要象征，他们的色情梦可能就越隐晦。

修女圣·特蕾莎（St.Theresa）曾在梦中看到一个天使朝她走来，"我看见那个天使手中握着一支金色长矛，其铁硬的尖端，似乎还燃着一点火光。他用这支长矛朝我心中刺了好几次，终于穿透了我的身体。当他拔出的时候，我几乎以为他连我的肠子都拉出来了，他让我完全燃烧在上帝的爱里。那是很痛苦的，我呻吟了几声，但这种痛苦带来了无限的甜美，使我几乎不愿失去它"。

特蕾莎认为这是一种宗教上的狂喜体验，对纯洁的她来说，这是毋庸置疑的。但我们若戴上精神分析的"有色透镜"来看，它却是一个充满象征意味的色情梦，那支"尖端铁硬、有着火光的金色长矛"是阴茎的象征。做这种解释，并不是要污蔑圣徒，而是想呈现人类潜意识心灵的运作法则。事实上，这个梦也彰显了圣·特蕾莎在白天的意识生活中，是一个洁身自爱、道德意识浓厚的人。因为她道德意识浓厚，所以才会压抑属于生物本能的性欲，才"需要象征"。

夜间遗精前隐晦的色情梦

"夜间遗精"也被称为"梦遗"，因为当事者在遗精后，通常会醒来，而且记得自己刚刚做了一个梦。这个梦很可能含有性冲动的成分（梦者将欲遗精前的生理刺激编入梦中），弗洛伊德在《梦的解析》中曾引用他的弟子兰克（O.Rank）所提到的两个"春梦"：

"我梦见自己在牙科诊所内，医生正在磨钻我下牙床的一颗坏牙。他工作了好久，然后拿起一把牙钳，毫不费力地就把它拔出来！这使我吓了一跳。他叫我不必担心，因为他真正治疗的对象并不是牙齿本身。他把牙齿放在桌上，牙齿立刻分离成几层。我从牙科治疗椅上爬起来，好奇地靠近它，并问一个医学问题。牙医这时一面将我拔出的牙齿各层分开，并用某种器具把它捣碎，一面回答说，这和青春期有关，因为只有在青春期以前，牙齿才会这么容易掉出来，如果是女性的话，则要在生下孩子后才会如此。"

就在这时，梦者感觉到自己在遗精。在弗洛伊德的理论里，"拔掉牙齿"正是"射精"的象征。

另一个遗精的梦如下：

"我奔下楼梯，追着一位女孩，因为她对我做了某些事，所以我要处罚她。在楼梯的下端有人替我拦住这位女孩（一个大女人？），我捉住了她，但不晓得有没有打她，因为我突然发现自己在楼梯的中段和这个小女孩性交（就像是浮在空中一样）。这不是真正的性交，我只是以性器官摩擦她的外生殖器而已，而当时我很清楚地看到它们，还有她的头正朝外翻转。在这性行为中，我看到我的左上方挂着两张小画（也像是在空中一样）——画着房子，四周围绕着树木，在比较小张的画面下端，没有画家的署名，反而是我的姓名，好像是要送给我的生日礼物。然后我看见两幅画前面的标签，说还有更便宜的画，然后梦境就变得不明显了，好像是我躺在床上，而我也因为遗精带来的潮湿感醒过来了。"

这个梦中有直接的性交场面，但"奔下楼梯"也正是弗洛伊德理论中性交的象征。

弗洛伊德因此说："遗精梦的特殊性质使我们直接观察到一些被认为是典型，但无论如何却受到激烈议论的性象征。并且使我们相信一些看来是纯洁无邪的梦中情况，不过是性景象的前奏曲罢了。通常，后者只有在较少见的遗精梦中才会不经过伪装而直接呈现，其他时候，则变成焦虑的梦而使梦者惊醒。"

"推陈出新"的色情梦

但弗洛伊德说遗精梦"较少"直接呈现色情场面，可能只适用于他那个性道德较保守的维多利亚时代。在二十世纪中期，观察过大量美国正常人梦境的霍尔，也记录了不少人在遗精前所做的梦，他所得到的结论和弗洛伊德稍不同，我们先介绍一些符合弗洛伊德学说的梦例：

"我姐姐的女朋友从前门走进来，对着我微笑，她继续前行，穿过客厅，我从椅子上站起来尾随着她。她走过回廊，进入我们家的浴室中，然后把门关起来。我走过去把门打开，就在这时候，我泄精了，而从梦中醒来。

"我梦见自己从床上爬起来，走进浴室中，想要转开水龙头。我一直转，但就是没有水流出来。于是我决定叫一个水管工人来修理，不久，门打开了，一个穿着上下连身工作服的人走进来，我仔细看才发现这个修水管工人是个女的，对女人也能当修水管工人这件事我觉得好笑，但她很冷静地走到水槽处，转开水龙头，水立刻就流出来了。而我也在此时发生梦遗。"

也有一位青年在遗精梦中出现了弗洛伊德所说的焦虑：

"我梦见我和四五个同样年纪的伙伴在某个猎苑里下车，那时是冬天，猎苑已荒弃，地面上覆盖着冰雪。我们走过一片旷地，然后再进入一条小径，我们发现自己所走的是一条寻金的山径，身后有其他人尾随而来。最后我们离开小径，走进远方有森林的旷野中。有一些像猪的小动物在旷野中跑来跑去。当我们走进森林中时，发现林中很明亮，充满阳光，也看到各种野兽，狮子、长颈鹿、巨蟒等。为了安全起见，我们决定爬到树上去，我先爬上一棵小树，但觉得不够安全，又爬下来，改爬一根现在才发现的巨大营帐柱。当我正在爬的时候，我梦遗了。"

有些人的遗精梦中，还出现了符合弗洛伊德象征主义的新象征：

"我梦见我正驾驶着一部雷鸟牌的敞篷新车，我想把篷盖放下来，但操作篷架的开关失灵，胡搞了一阵没有成功，我驶下高速公路，发现自己和车子陷入非常混乱的交通堵塞中。就在这个时候，我梦遗了。"

充满动力的汽车是男性性能力的新象征。更妙的是，有一位青年在梦见自己正使用"除草机"时发生了梦遗。除草机本身的快速旋转动作及操作者在长满"杂草"的地上来回推拉，也是一种"推陈出新"的性象征。

夜间遗精前赤裸的色情梦

但在霍尔的调查里，有更多的遗精梦出现了直接的性场面：

"我梦见我正爬上一个陡峭、狭窄的长梯，我步履维艰，爬了好几个小时。当我接近梯顶时，长梯似乎开始随风摇曳，最后我总算到了梯顶，走进一个房间中，它像一间卧室，我看到一对男女正在床上性交，于是我离开房间，怀着异样的感觉走下长梯。

"我梦见我正在一个螺旋梯上来回地追逐一个女孩子，最后我追上了她，和她性交，然后就发生了梦遗。"

在这两个梦里，有老式的"上下楼梯"象征，但也有旁观或直接投入的性交场面。

在梦中表现性满足的最直接方式是"做爱"的场面。霍尔的观察指出，这种梦多是毫无掩饰的唯一场景："我梦见我和一个女人性交，然后就泄精而醒来"，或者是"我梦见我和一个女人热情地爱抚，然后泄精而醒来"。这种梦相当清楚地表示，做梦者心中只有一个念头——性满足，他内心满载着一股即将爆发的欲望，而在梦中以最有效、最直接的方式来发泄他生理的压力。至于他在梦中发泄性欲的对象是谁，或者对她有没有爱，并不是他所关切的。有一位男士梦见他和一副孤立的女性生殖器性交，意思好似在说："这是女人身上令我感兴趣的唯一部分。"

一个作家的"色情梦日记"

十九世纪的英国作家拉斯金（J.Ruskin），曾在他的日记里（一八六八年三月九日），记录了他的一个梦：

"昨晚我喝了很多酒，梦见和琼安及康尼一道去散步，我抄捷径穿过田野，让她们沿着马路绕行。后来我又折回来，在田埂上跳跃，田埂最后被一道水流冲走。然后我给琼安看一条漂亮的蛇，我对她说它是驯良无毒的。蛇的颈子细长，上面有一圈绿色的环纹，我让琼安触摸它身上的鳞片，她也要我摸它，蛇在触摸下，忽地变得肥胖起来，像一只水蛭，紧紧地吸附在我的手上，我几乎无法将它拉开——就在这个时候，我醒了过来。"

这个梦在牛津大学所出版的一本书里，被归类为"性梦"，也就是本章所说的色情梦，我们唯有从弗洛伊德的观点才能理解它的"色情纯度"。

不少作家在他们的日记里记录他们所做的梦，但就像爱伦·坡所说"没有一个小说家敢抄写出他全部的思想和情感"，也没有一个作家敢于记下他所有的梦，特别是色情梦。擅长写意识流小说的美国作家凯鲁亚克（J.Kerouac）可能是"接近例外"的少数者之一。他曾出版一本《梦之书》（Book of Dreams），记录了自己所做的二百五十个梦，其中有不少就属于色情梦。在他的色情梦中，弗洛伊德的性象征主义几乎派不上用场，不过从较直接的色情场景中，我们却也看到不同的东西。

凯鲁亚克说他有一次梦见自己和一个叫皮奇丝（Peaches，意为"尤物"）的女孩做爱，但对方却拒绝以正常的方式和他做爱，而是拿着一块牛排肉放在她的两腿之间，当作人工阴道，他只能和这块牛排肉性交。

然后，他遇到一个美丽的中年妇人，她带他回家，在她的卧室里和他颠鸾倒凤。她把他"喂得很饱"，以致他在学校里吃不下午餐，教室里的所有人——除了皮奇丝外，都知道这是因为他刚刚性交的关系。他想他必须劝皮奇丝放弃那块牛排，就在这么想时，他醒了过来。

这是一个让色欲与食欲获得双重满足的梦，梦中的"尤物"和中年妇人是"不确定的对象"，也许我们可以将她们视为凯鲁亚克欲念的单纯显影。

但即使以"难以指名"来模糊梦中性对象的身份，以减少自己的欲望"肆无忌惮"地加诸其身所可能引起的罪恶感，这种梦也并非都是"好梦连床"的。在凯鲁亚克的《梦之书》里，也有一些招致"挫折"与"羞辱"的色情梦，譬如他曾梦见自己搭上一个有色人种的女孩，两人正准备上床成其好事时，却发现时间已经太晚，女孩必须赶去上班，只留下他一个人，像一只受挫的小毛虫。又譬如他也曾梦见好不容易和一个女人做爱，但女人却若无其事地喋喋不休，让他倒足胃口。还有，他也曾梦见正要"提枪上马"时，却发现自己的阴茎忽然变得很小，不仅派不上用场，还惹来旁观小孩的嘲笑。

在梦里对熟人"犯了那种罪"

《梦之书》里也有一些可以"指名"的性对象。譬如凯鲁亚克曾梦见一个老友（女性）要求他"安慰"她，但他不能确定她所说的"安慰"是指和她性交（他很乐意奉陪）或其他，于是他只好扮演绅士，照她的游戏规则去做。后来，他看见她和一个路过的壮硕水手以迅雷不及掩耳的方式靠在墙上疯狂做爱，凯鲁亚克感到一股被欺耍的恼怒，于是他尝试像那个水手般，以强劲手法要她就范，但她却从他手中挣脱而去。

最让人尴尬的是，他梦见和一个叫玛琳的女摄影师共度良宵，一夜狂欢。这位玛琳不是别人，正是替他拍刊登在《生活》（Life）杂志上三页特写镜头照片的摄影师。也许凯鲁亚克对她颇具好感，也存有遐想，而情不自禁在梦中和她

"做了那件事"。虽然"不能当真",但在书中如此直言不讳,却也让人皱眉。

阿散蒂人(Ashanti)认为,如果一个人梦见和别人的太太发生性关系,那无疑是犯了我们文明社会所理解的"通奸罪",因为这表示"他的灵魂和她的灵魂发生了性关系"。但事实上,"她的灵魂"是完全无辜的,说它是"思想强奸罪"也许更符合真实的情况。在梦中,出现可以指名的性对象,多少表示梦者对"那个人"有意识得到或意识不到的欲望。将这种"思想强奸"公之于世,除了向世人交代"自己灵魂堕落的深度"外,是否还涉及"侮辱对方"?有关它所引起的道德疑义,我们留待最后再谈。

女性的色情梦举隅

女性当然也做色情梦,除了像圣·特蕾莎那种隐晦的梦外,也有较直接的。譬如在英国由数家杂志联合举办的梦调查里,就有如下的一个梦例:

"我在教堂里,裸体坐在长椅上,椅子上坐了一排排的教友,除了牧师外,所有的人都是裸体的。他要我们上前领取面包和酒的圣餐,但大家不像平常斯文地排队,而是争先恐后地涌到圣坛前，伸出手、张开口来。最后，牧师走到我身前（他高大而威严，穿着一袭白色长袍），给我面包和酒，并将我带到一旁，对我说等一下我与他可以性交。看起来如此纯洁无瑕的牧师，居然建议我做这种事，让我感到愤怒，而且陷入深沉的失望中。"

其实，建议她性交的并非真实世界里的牧师，而是她"心中的牧师"。在梦中，她裸体坐在教堂中，可以说是她对满足此一愿望的热身运动，但最后，她还是悬崖勒马，"愤怒""失望"地拒绝了，而没有在梦中出现交欢的场面。

一般说来，女性的性道德意识较浓厚，她们的色情梦较男性隐晦，而且也会产生较多的心理冲突。托尔斯泰在《安娜·卡列尼娜》这本小说里，即以他的想象力让背叛丈夫亚力山大·卡列宁而和渥伦斯基暗通款曲的安娜，做了如下的一个色情梦：

"在她的梦境里，当她无法控制她的思想时，她的处境就以令人惊讶的赤裸呈现在她眼前。她几乎每晚都做同一个梦，在梦中，两个男人都变成了她的丈夫，大方地爱抚着她。卡列宁喜极而泣地吻着她的手，说：'像现在这样多美啊！'渥伦斯基也在身边，同样是她的丈夫。她对这种原先根本是不可能的事感到惊奇，而笑着向他们解释说真正做起来却很容易，现在他们两人都得到了满足而快乐。但这个梦却像梦魇般压在她身上，使她醒来时内心充满了恐惧。"

不过，也有极端"放肆"的色情梦。譬如有一个英国孕妇，丈夫是板球队队员，在她怀孕期间，夫妻基于医学的理由，过着"像神父与修女般"的生活，结果她就做了如下的一个梦：

"我参加板球队队员的聚会，那是一个通宵性狂欢派对，而我是唯一的女性。我和场中所有的男士共享杂交的欢愉，但我丈夫除外！到天亮时，我全身虚脱……"

梦中的色欲忧患意识

有些色情梦，做梦者并非"主角"，而是场中或场外的"旁观者"，而且在梦中交欢的并非陌生人，而是认识的人，甚至是自己的亲人或配偶。这种色情梦，要表达的可能不是色欲的"满足"，而是对色欲的"忧患意识"。

譬如有一位妇人，一再做如下的梦：她从外面回到家里，关上大门时，听到楼上传出奇怪的声响。她以为是狗在楼上乱翻衣服，于是快速跑上楼梯，但当她抵达卧室的门口时，却发现那怪声原来是自己丈夫和女房客疯狂做爱所发出来的。黏在一起的两人看到她站在门口，遂停止了动作，然后，那名女房客笑道："你何不也加入？"

单从梦境来看，可能有两种解释，一种是她对丈夫外遇的忧虑，另一种是她有"二女共享一男"的潜意识欲望。但若考虑这名妇人的处境，不难发现前者的解释才是对的，因为在做这种梦之前，她确曾撞见丈夫和女房客私通的不堪场面。这个反复出现的色情梦，可以说是她心灵创伤的再现。

霍尔也曾报告有一名男士，自觉性能力不足，而做了如下的梦：他和太太去参加一个宴会，宴会在露天的花园里举行，她和太太愉快地和众人聊天。此时一名男侍端来饮料，他瞥见这名男侍下身居然只用一方小布遮着，巨伟的阴茎明显可见。他感到略微的紧张和恼怒，而用身体挡住那名男侍，不让太太看到对方的下体。

这名男士在梦中泄露了他的性隐忧，他用身体挡住男侍半露的下体，因为他的潜意识认为，如果让太太看到那巨伟的阴茎，难保她不会动心，而这正是他所担心的。

色情梦反映一个人的性态度

在看了上述各类型的色情梦后，读者不难了解，色情梦并非都是令人"愉快"的。而其呈现方式，从类似色情录影带的淫秽不堪、赤裸裸的交欢，到充满诗情画意的你侬我侬，乃至看似纯洁无瑕的活动，更是不一而足。从精神分析的观点来看，一个梦的"色情浓度"与做梦者的"压抑强度"成反比，换句话说，色情梦反映的不仅是梦者的性欲望而已，还包括他的性态度。性态度越保守的人，越需要性象征，而且所选择的象征，多少也反映了他对性的概念。

根据文献记载，在梦中出现的男性性器象征有一百零二种，女性的性器象征有九十五种，而性交的象征则有五十五种。为什么一个人在梦中以手枪来象征男性性器，以窗户来象征女性性器，以开枪打破窗户来象征性交？而另一个人却以戴帽子的男人来象征男性性器，以山谷来象征女性性器，以戴帽子的男人走入山谷来象征性交呢？这可能牵涉到做梦者本人对性的看法。

每个人都有性欲，且每个人对性欲的概念都不一样，有的人认为它是邪恶的，有的人认为它是自然的享受，有的人认为它是机械般的压力需要定期发泄，有的人认为它是传宗接代的工具，有的人认为它是表达爱与温柔的方式……这些不同的概念在影像化时就会产生不同的性象征。

这种说法看似合情合理，但却也有罔顾事实之处。我们前面介绍了凯鲁亚克的几个色情梦，有的相当大胆遂愿，但有的却无端受阻，有的甚至还带来羞辱，我们很难说这是因为凯鲁亚克在做这些梦时，性态度"不同"的关系。而且，晚近有不少人做过"性幻想"的调查，照精神分析的说法，在白天意识清醒时所产生的性幻想，应该更受到了"心理警察"的检查才对。但根据调查，这些"色情白日梦"的肆无忌惮，简直到了令人咋舌的地步，何以在夜里意识松懈时出现的色情梦，却反而需要伪装？而且经常无法畅行无阻？单以"意识检查法"来说明是难以服人的。我认为，我们必须再引进唯物梦观里的"幻觉派"及"清扫派"来补强，才能对色情梦的来龙去脉有较全面的掌握。

每个人的性欲望、性态度、性隐忧都各有其基调，在夜梦中，当神经细胞被活化后，当事者根据这些基调"织梦"，但人在梦中，身不由己，某个神经细胞的异常活动会出来搅局。譬如使梦中的凯鲁亚克发现他的阴茎"变得很小"，或皮奇丝小姐的两腿间"多了一块牛排"，结果牵一发而动全身，色情梦就朝着意想不到的方向发展，它的结局并不一定是在反映梦者的性欲望、性态度或性隐忧的基调。

划清梦与现实的界限

以象征来伪装或美化的色情梦，很少能激起做梦者特别的情绪反应，这也许是象征的功能之一。但如果是赤裸裸的色情梦，而且梦中的性对象是可以指名的，则在梦醒时，做梦者常会有五味杂陈的情绪反应，梦耶？真耶？窃喜乎？自责乎？

奥古斯丁（St.Augustine）曾说："感谢上帝，我们不必对自己的梦负责。"这句话针对的可能就是色情梦。奥古斯丁显然是有感而发，因为在皈依基督教前，他过的是放浪形骸的生活，耽溺于性的享乐中。后来他虽放弃了这种欲望，并将性与色欲盖上"原罪"的戳记，但在夜梦中，他还是身不由己地犯了那种"罪"。他经常祈祷："请赐给我贞洁——但我一直还未得到。"最后干脆说："感谢上帝，我们不必对自己的梦负责。"

就现实的观点来看，我们的确是不必对自己的梦负责的，它也许表示我们对梦中的性对象有潜在的性欲望，但只要认清梦与现实的不同，就像黑夜与白天的差异，就并无大碍。至于像凯鲁亚克般将这样的梦公之于世，损人不利己，则是"智者不为"也。

十六世纪英国的佩皮斯（S.Pepys）是有名的"日记作家"，在日记里，他也像凯鲁亚克般忠实地记录自己的梦，但却给他带来了一些麻烦。譬如一六六五年八月十四日的日记里有这样的记载：

"昨夜我做了一个有生以来最美好的梦，在梦中，我将我的淑女卡色梅因搂在怀里，然后和她做尽我渴望同她做的事，我真希望不要醒来。"

想不到他的妻子偷看了他的日记，对他这些"梦中的罪行"醋劲大发，不只在白天刺探丈夫的行踪，而且在夜晚仔细"观察"佩皮斯在睡梦中的"举止"。佩皮斯说他常梦见自己在睡着时，太太将她的手按在他的阴茎上，以侦测他是否在做和别的女人交欢的色情梦。

这是大言不惭地说出自己的色情梦，可能有的悲惨结局。

第九章

人人都有的典型梦

梦虽具有浓厚的个人色彩，会随着做梦者的心思、生活经验及外在刺激而千变万化，但有一些梦却几乎是每个人都梦过的，这种梦我们称为"典型梦"或"类型梦"，譬如坠落之梦、赶火车之梦、考试之梦等。既然绝大多数人都会梦见，那么它们可能有着同样的来源，当然也可能代表同样的意义。但事实上，对于典型梦的来源与意义，各家说法不一，下面我们将逐一介绍较常见的典型梦及各家的解释。

坠落之梦

坠落之梦可能是最常被梦见的典型梦，它通常发生在刚进入梦乡时，做梦者梦见自己从高处摔下，或从平地坠入一个坑洞中，而惊醒过来，且经常自觉身体有瞬间的抖动。这种梦与我们用"坠入梦乡"来形容入睡的情景恰好有类似的感觉。

为什么会做这种坠落之梦呢？"刺激派"认为，人在刚进入梦乡时，由于身体肌肉的放松，会使没有放稳的手脚突然滑落，或者入睡时血压突然下降，这些生理变化的刺激都可能被编入梦中，而成为"坠落之梦"。

种族回忆论者认为，"坠落之梦"可回溯人类祖先的一种恐惧经验。人类祖先有很长一段时间居住在树上，失足坠落（特别是在睡梦中）是当时最主要的危险，它通常意味着死亡，因此须随时提高警觉，"坠落之梦"很可能就是这种集体潜意识里"原始恐惧"的重现。注重童年经验的人则认为，这是我们个人潜意识中，对孩提时期刚学走路时经常摔倒的恐惧经验重现。

弗洛伊德派的学者认为，从高处"坠落"是象征道德上的"堕落"（失足）。但这种"失足"并不一定专指"性"方面，它同时也可能象征地位、名望、事业等的下降，这也是一般人共同的恐惧。

被追赶之梦

被追赶之梦通常是人在梦中被陌生人追赶（或攻击），

而自己却无法快速逃离，甚至会呆立不动。

"刺激派"认为，这种梦是人在入睡后，脚或腿部受压迫所引起的错觉反应。种族回忆论者则认为，"被追赶之梦"也与人类祖先的"原始恐惧"有关。过去人类常遭遇猛兽的攻击，特别是人在尚未懂得用火以前的夜晚，猛兽突然来袭而自己又跑不快，这种原始的恐惧仍残存在集体潜意识中，并重现于现代人的梦境里。注重童年经验的学者们则认为，当我们还是婴儿时，面对可怕的情境，想逃避，却因双腿无力行走而逃不开，觉得被钉住了，这种婴儿期的恐怖经验遂成为"被追赶而僵立难动"之梦的来源。

弗洛伊德派的学者则认为这是性愿望的达成。僵立难动与性高潮时的兴奋、僵直、不能动的情形颇为类似，或者是"被虐狂的快感表现"。但被追赶之梦伴随的通常是惊慌、恐怖的情绪，与性高潮时的兴奋似乎背道而驰，而且小孩子不知性高潮为何物，但也常梦见这种被追赶却呆立不动的梦。因此，多数人还是认为这是缺乏安全感引起的梦，不需要扯到"性"上面去。

飞翔之梦

　　人是不会飞的，但在梦中，我们却会飘浮于空中，毫不费力地飞翔，有时候它是在被追赶时的脱逃方法，凌空而飞，使我们的惊慌一下子变成惊喜。种族回忆论者认为，这是对我们的祖先漂浮在海上生活的一种回响，我们体内连接耳与嘴的咽鼓管是鳃的原始形态，这表示我们是从海中生物进化而来的，在海中上下沉浮，没有重量感，就像飞翔一样。

　　个人经验回忆论者认为，人还在母亲的子宫内时，浸在羊水之中，也如同飞翔的感觉般，因此"飞翔之梦"是子宫内经验的再现。另一派人士则认为，飞翔是人类祖先的原始梦想，看到鸟类在空中翱翔，自由自在，也渴望自己拥有这种能力，如庄周之梦蝴蝶般，不知蝶欤周欤。

　　弗洛伊德派的学者认为，飞翔象征性交时"轻飘飘"的狂喜，"快乐得飞上天"正代表做梦者的性渴望。费德恩（P.Federn）指出，这种飞翔之梦有很多都是勃起给人的印象——就好像飞翔一样，是"反重力作用"的。非性论的心理学家则认为，飞翔代表我们企图打破自然带给我们的种种限制的欲求，渴望从现实生活的桎梏和苦闷中逃脱。

　　我国古代的医书《素问》里，有一句话说："上盛则梦飞，下盛则梦堕。"这是从"气"的观点来解释飞翔与坠落之梦，身体上部的气盛则梦见飞翔，下部的气盛就梦见坠落，这可以说是"刺激派"与"洞识派"的综合体。

赤身裸体之梦

梦见自己赤身裸体或者穿得很少，且出现在大庭广众之中，做梦者感到尴尬羞惭，想逃避或以各种方法遮掩窘态，但却无能为力。暴露的程度与样子大多相当模糊，做梦者有时不清楚自己是一丝不挂还是衣不蔽体。梦中衣冠整齐的人士大多是一些陌生的面孔，他们并不会苛责或嘲笑做梦者的窘态，相反，大多是一副若无其事、漠不关心的样子。

"做梦者的尴尬"与"外人的漠不关心"是此梦的特点。弗洛伊德认为，这与童年经验有关，我们只有在童年时，赤身裸体置身于父母、亲友或大庭广众之前，才不觉羞惭，也少受责备。这段天真无邪的日子，在日后回忆起来，会令人有"当时有如身在天堂"的感觉（有人认为若在"天堂"之中，人不会因赤身裸体而感到羞惭）。但后来有了羞耻之心，我们学会了遮掩、隐藏、压抑自己，旁人也不再容许我们这么做，唯有每天晚上，借着梦境才能重温童年的生活。因此，赤身裸体而不受责备景象的重现，是人们重温童年生活的愿望达成。而由于梦中的"检查制度"，导致梦境中出现的自己往往无法全裸，只呈现"衣冠不整的样子"，还会出现让自己感到"羞惭"的旁观者。

荣格派的学者也认为做暴露梦是人在表现原始的被抑制的欲望，但更有其建设性的一面。譬如一个容易害羞脸红的女人梦见自己赤身裸体走在大街上，自己不觉尴尬，路人也不在意（或自己虽感羞愧，路人却不在意），这个梦在暗示她"没有什么好羞愧"的，她无须忧虑，也不必动不动就脸红。

荣格的弟子辛格（J.Singer）报告了一个梦例：一个出身高尚且保守的妇人，梦见自己穿一套高领、长袖、黑天鹅绒的礼服走进医生的办公室，但一转身，她的背部从头到脚却一丝不挂。依荣格的学说来说，这个妇女盛装的前身代表她的"假面"，而赤裸的背面则代表她的"暗影"，这个梦是在暗示她僵硬的"假面"需包容赤裸的"暗影"，才能成为一个更精明的人。

亲人死亡之梦

弗洛伊德认为，梦见至亲死亡，如父母、兄弟姐妹、儿女的死亡，应该分为两种，一种是梦者并不感到悲伤，另一种则是梦者深深地感伤，甚至会在梦中流泪抽泣。前一种事实上不能算作"典型梦"，至亲死亡而丝毫没有悲伤的感觉是违反常情的，那么梦中的"亲人"可能代表着另一个人。

后一种梦，梦见亲人死亡而哀痛逾恒，但事实上，那个亲人还好端端地活着。为什么会做这种"不祥之梦"呢？弗洛伊德认为，"梦者确有希望那位亲人死亡的愿望"，但他强调，这并非指梦者"现在"仍旧希望那人死亡，而只表示梦者"在其一生的某一段时间，曾有过如此的愿望"。譬如兄弟姐妹，现在虽然相亲相爱，但事实上每个人都曾对兄姐或弟妹有过敌意，特别是在童年时。而若梦见"父母之死"，男人多梦见父亲死亡，女人则多梦见母亲死亡，这可能是因为童年时期的"俄狄浦斯情结"在作祟。

在童年时，男孩子把母亲当作爱慕的对象，而把父亲当作"情敌"（女孩则反之），希望他从自己的身边"消失"。这种希望兄弟姐妹或同性父母死亡的念头，在"自我"及"超我"的发展过程中会逐渐消失或被潜抑到潜意识中。在做亲人死亡的梦的当天或前几天，梦者可能对那位亲人表示了特殊关怀，但在梦中，那些被潜抑的愿望在毫无戒备的状态下却赤裸呈现了（逃过了"检查制度"）。而因为没有改装，那么也就不可避免地带来应有的情绪反应——哀痛。但梦见亲人死亡，也可能是来自"忧惧"。这种忧惧虽然会短暂地浮升到意识层面，但仍有相当大的部分是在潜意识层面徘徊的，它们以视觉影像的方式直接呈现于梦中。因此，并非每个亲人死亡的梦都需要有弗洛伊德那种"深奥"的解释。

死者重返之梦

明明已经死去的人（通常是亲友）却又在梦中出现，原始民族认为在梦中出现的是死者的"灵魂"，这个说法过于玄幻神奇。事实上，这种梦最有可能是因为我们"记忆档案"里的资料因受激而活化的结果。

苏轼有一首很有名的词："十年生死两茫茫，不思量，自难忘。千里孤坟，无处话凄凉。纵使相逢应不识，尘满面，鬓如霜。夜来幽梦忽还乡，小轩窗，正梳妆。相顾无言，唯有泪千行。料得年年肠断处，明月夜，短松冈。"这是他梦见已去世的昔日恋人的感怀之作，词里说得很明白，他是因

"思念"才梦见她的。

弗洛伊德认为，这种梦是梦者心中"概念的影像化"，梦者心中想："如果某某还活着，他对这件事会怎么说呢？"但梦是无法表达"如果"的，它只能让死者在梦的舞台上重新登场。譬如，一位从祖父那里得到大笔遗产的青年，将遗产挥霍掉了，他正懊悔时，祖父在梦中又活着出现了，向他追问，并指责他不该这样奢侈，这正是"如果祖父地下有知"的影像化。

有时候，过世的人会以"如鬼"的恐怖形象出现在梦中，这可能有愧疚或罪恶感的含义。譬如有一位沉醉在订婚快乐气氛中的女子，突然变得忧郁起来，因为她在某个时刻被未婚夫唤起了性高潮，当晚她就做了一个梦，在梦中她看见一个男鬼以责备的眼神瞪着她。原来这位女子以前也订过婚，但前任未婚夫却在战争中阵亡了，梦中的男鬼就是前任未婚夫，她被自责和羞愧所笼罩，而从梦中惊醒过来。做男鬼的噩梦很显然是因为梦者的罪恶感，她从梦中惊醒过来，是为了逃避这个问题。

赶火车之梦

在梦中，火车就要开了，而自己却还在家里或某处，心里充满了焦虑，有时没赶上火车，懊恼得不得了，有时则在最后一刹那，顺利地赶上火车，而有种解脱满足的感觉。

梦中的火车显然是一种象征，弗洛伊德认为它表示分离，即象征死亡，梦见没赶上火车，意味着"还好，没有搭上死亡的列车"，但这与做梦者当时的情绪显然相违背。没有赶上火车，做梦者很焦急，而不是"幸好没死"的宽慰。若"赶上火车"的话，按弗洛伊德的意思是意味着死亡，不过做梦者此时的感觉却是解脱满足，而不是死亡的恐惧感。

其实火车可能有另外的含意，搭火车旅行象征生命旅程中的进展。没赶上火车意味着自己的进展受阻、错失良机、担心、没有自信，而赶上火车则暗示圆满的努力结果。这可以从对精神官能症病人的治疗间接得到证明，常梦见自己没赶上火车的病人，在病情好转后，也就是对自己恢复信心后，没赶上火车的梦就会变成愉快的赶上火车的梦，甚至梦见自己驾驶火车。

考试之梦

这也是一个会让人忧心如焚的典型梦，梦见自己就要参加考试，或者已置身考场中，但却没有准备，答不出试题，或梦见自己被通知某科不及格，要补考、重修等。考试梦的两大特征，一个是它通常发生在考试过后一段时间，一个三四十岁的博士，会梦见自己参加毕业考，而如临大敌。另一个是梦中的考试通常是失意的，缺考、零分、不及格等。

弗洛伊德自己也常做考试梦，他仔细分析后发现，忧心如焚的考试梦其实是"要你宽心"的安慰梦，譬如他没有通过法医学的考试，但却不曾梦及此事，相反地，像动物学、植物学、化学等科目，他以前均顺利通过，但在梦中，却重温这些考试的风险。若再仔细推敲，常会发现梦见考试的隔天，做梦者即将从事某种可能有风险，且必须负责任的大事。因为面临考验，以前同样面临考验的考试遂浮现于脑海中——自己面对动物学的试卷，不知如何作答。但事实上，动物学的考试早在几年前就顺利通过了，因此这个梦似乎在告诉梦者："不要为明天担心，以前考动物学时汗流浃背，但还不是顺利通过，事实证明那只是空紧张一场，明天的考验也是一样。"

找厕所之梦

"找厕所"也是常见的典型梦。在梦中，我们因内急而到处找厕所，好不容易找到一间厕所，但却发现厕所里面很脏，或是里面有人，或是墙壁破了一个大洞，没有门，或是门关不上等，总之是"无法方便"，于是我们又到别的地方寻找，但还是不能如愿。此时若做梦者从梦中醒来，常会发现自己正憋着一膀胱的尿，于是昏昏沉沉地起床，去上"真正的厕所"。

"找厕所的梦"很可能是因膀胱胀感的生理刺激传到脑部，神经细胞将这个讯息编织入梦中的关系。有趣的是，虽然因尿急的刺激而在梦中开始"找厕所"，但排尿的愿望在梦中却因各种原因而受阻，并未得到真正的解脱，这与现实情境里的憋尿相似。如果你梦见找到一间干净的厕所，"如愿"地排尿，那可能不太妙——因为也许你就真的"尿床"了。譬如经常尿床的小孩可能就梦见自己在小解，甚至还快乐地在湖泊里"游泳"呢！

但梦见厕所很脏、遮蔽不良等，似乎以女性居多，其中可能还有一些心理因素。

牙齿脱落之梦

根据一般人的解释，梦见牙齿脱落或被拔掉是象征亲戚的死亡，但弗洛伊德派的精神分析学家认为，牙齿掉落是"性"的象征。弗洛伊德认为此梦的动机是由青春期自慰的欲望而来（牙齿脱落代表泄精）。兰克则报告过梦见牙齿被拔出来而遗精的梦例（详见第八章），斯特克尔（Stekel）则认为梦见牙齿被某人拔掉，是"阉割"的象征。

但女性也会做牙齿掉落的梦，荣格认为此梦代表分娩。非性学派的人则认为此梦（男女均一样）代表"成长"，我们每一个人都经历过乳齿脱落而长出恒牙的过程。因此，牙齿掉落的梦可能表示人们想要成长或渴望"抛掉幼稚的事物"。

"以前到过这里"之梦

梦见自己到了某个地方，而在心里立刻浮现"我以前到过这里"的感觉。但事实上，在白天的清醒生活中自己却未曾到过那个地方（世界上可能根本就没有梦里出现的"那个地方"），这种梦常被认为是来自"前世的回忆"，而为相信轮回转世者所乐道。弗洛伊德在《梦的解析》里说："这些地方恒常指梦者母亲的生殖器官（以风景或房屋来象征），因为再也没有别的地方可以让人有此种确定——认为他们以前到过这里。"

他在另一本著作《日常生活的心理分析》中则有较委婉的说法，他认为对某些事物的"熟悉感觉"可能来自"潜意识的幻想"。梦中的某一事件与我们的经验非常类似，但却为意识所压抑，遂经由转移而变成对场景（如房子）的相识之感。

其实，某些癫痫病人在发作时，对周遭的景物也有神秘的熟悉之感，但这是因为神经细胞异常放电所造成的知觉扭曲。因此，人们对梦中的景物有熟悉感也有可能是某些神经细胞受激的关系。

反映的是大家都有的问题

上述这些"典型梦"是多数人都曾梦过的，其中有些形态，譬如坠落、飞翔、被追赶的梦，超乎时空与文化背景，可以说是较原始的"典型梦"。而裸体与找厕所的梦，则是文明进展到一个程度后，才有可能出现的"典型梦"。至于赶火车与考试的梦，更是具有现代精神的"典型梦"。因此，所谓"典型梦"，可能也会因时因地而异。

一般来说，越原始、越普遍的典型梦，与人类的经验、知觉模式甚至种族记忆越有关系。而越局限于某时某地某人群中的典型梦，则与象征越有关系。譬如相类于现代人的"赶火车之梦"，古人所做的可能是"赶搭船之梦"，"搭船"或"坐火车"都是"生命旅程之进展"的象征。而且我们有理由相信，古人的这种典型梦要少于现代人，因为古人的生命历程比现代人要来得迟滞。

一般来说，典型梦较少"个人意义"。大家都有的"梦"，反映的是大家都有的"问题"。

第十章

第二种灵感——创造之梦

从梦中获得创造灵感的佳话

意大利名作曲家塔蒂尼（G.Tartini）的《魔鬼的颤音》是世人公认他最好的作品。据塔蒂尼自陈，他作这首奏鸣曲的灵感乃是来自梦中，在梦中，他把小提琴交给来造访的魔鬼，于是魔鬼为他演奏一曲，且动听至极，令他佩服得五体投地。塔蒂尼醒来后，立刻拿起小提琴，捕捉魔鬼所奏的乐曲，写出来的乐章虽然无法和梦中听到的相比，但却是他最好的作品。

英国诗人柯勒律治，也从梦中得到他的名作《忽必烈汗》一诗的灵感。某天下午，他在看书的时候吸了点鸦片，不久就睡着了，睡前他看到书中的一段话："忽必烈汗命人在这里盖了一座宫殿。"结果，他做了一个多姿多彩的梦，在梦中他不仅看见森林、溪流、奇岩异石，而且脑里好像有两三百行诗句。他醒来后，立刻奋笔疾书，把那仿佛实物般的诗句写下来，"忽必烈汗在上都，命人盖起一座宏伟的游乐之宫；在那里，神圣的河，流经人类从未探测的山洞，直至一片乌黑的大海"。当柯勒律治一口气写了五十四行时，一位访客打断了他的诗兴，一小时后他再提起笔来，原来的灵感却像"流水上面的影像"般消失了。

伟大的物理学家玻尔（N.Bohr）也从梦中得到"原子论"的灵感。当他还是剑桥大学的学生时，某晚做了一个梦，梦见自己站在太阳上，全身被炽烈燃烧的气体所包裹，行星各以一根细丝和太阳相连，绕着太阳运转，从他身边呼呼而过。忽然间，热气冷却了，太阳凝固了，而行星也脱轨消失了。玻尔从梦中惊醒，直觉告诉他刚刚在梦中自己目睹了原子的模型，在中心固定不动的太阳是原子核，环绕它运转的行星则是电子，以某一"能量场"形成它的轨道。

阿加西斯梦中"完整的鱼"

自古以来，有不少艺术家和科学家说他们从梦中得到了"创造的灵感"，这种"灵感之梦"最为人所津津乐道。要想了解为什么在梦中会出现令人惊喜的灵感，首先必须先弄清楚到底什么叫作"灵感"。

"灵感"的定义有很多种，人文心理学家罗洛·梅（Rollo May）将它定义成"潜意识的内涵冒出来，而为意识所捕获的刹那感觉"，这个定义对我们了解梦中灵感来说，显得特别贴切。梦是潜意识活动的舞台，如荣格所说，潜意识有比意识更宽广的视野。当我们清醒时，意识使我们能"专注"于某些事情，集中注意力，那么心灵的视野自然会显得较狭隘；而在意识模糊、散漫的夜梦中，意念飞驰，反而使我们有比较宽广的视野，看到意识范围之外的东西。清醒生活中被忽略的一些蛛丝马迹，在扩大宏观视野后，就可能变成整匹马或整只蜘蛛。

十九世纪伟大的生物学家阿加西斯（L.Agassiz），曾做了一个有关鱼的"灵感之梦"，几乎符合这个模式。有一次，他找到了一块古代鱼类的化石，但问题是化石上只能看到鱼身的一部分，光靠这一部分要拼凑出全鱼的模样有些困难，鱼的其他部分也许就埋藏在化石中，拿一根铁锤敲敲看，也许就能豁然开朗，但也可能玉石俱焚，他不想冒这个险。

在百思而摹想不出鱼之全貌的情况下，他暂时放下这块化石，改去做别的事。有一晚，他梦见了那条鱼的全貌，不过令他懊恼的是，在醒来后，他却已经无法凭印象将它完整画出来。但因有了这次经验，他相信答案必然隐藏在他的潜意识里，于是他在床边准备了纸和笔，果不其然，第二晚，他又梦见了那条鱼。从梦中醒来后，他立刻将它画下来。结果证明，阿加西斯画出的鱼果然是这种鱼的完整形态。

阿加西斯将这个"灵感之梦"告诉了他的太太，他太太又将这个梦写在她为丈夫所写的传记里。阿加西斯太太在描述时，也许有些夸张之处，但阿加西斯从梦中获益则是毫无疑问的。关于这条鱼的各部分，也许已存在他的大脑中，但在白天清醒时，他无法顺利地将它们组合起来，而唯有在梦里，在潜意识更宽广的视野中，它才神奇地浮现出来。

勒维梦中的"完美实验"

因证实神经传导是由化学物质参与而获得一九三六年诺贝尔医学奖的勒维（O.Loewi），也有类似阿加西斯的"灵感之梦"。他一直认为神经传导除了有电活动外，应该还有化学活动，但却一直无法用实验来证明这种观点。一九二一年的某个晚上，他梦见了一个实验方法：

"我从梦中醒来，打开电灯，在一小片薄纸上扼要地写下一些观点，然后再度入睡。第二天早上六点醒来后，想到昨晚我那重要的记录，连忙拿出来看，但却看不懂那潦草的字迹。"他像阿加西斯一样，认为那个灵感还会再度来敲门：

"第二天晚上，凌晨三点钟时，那个灵感又来了。梦中我在设计一个实验，以决定我在十七年前所提出的化学传导是否正确。我立刻从床上爬起来，直接走进实验室，照梦中的那个实验设计，用青蛙的心脏做了一个简单的实验。"

实验到五点钟结束，并证实了他的假说。他取出两只青蛙心脏，将一个心脏浸泡在林格氏液中，刺激这个心脏的迷走神经（会使心跳速度减缓）。然后再将林格氏液灌到另一个心脏上，结果另一个心脏的跳动速度也缓慢了下来。这表示在刺激第一个心脏时，心脏的神经末梢分泌出某种化学物质流到林格氏液中，而这种化学物质也能作用于第二个心脏，使它的跳动速度减缓。这种化学物质后来被称为乙酰胆碱（acetylcholine），也是医学界所发现的第一种神经传导媒。

阿加西斯和勒维的灵感并非来自"天启"，而是在他们心中经过点点滴滴积累，在意识还无法对它们做全盘掌握时，就提早浮现于潜意识的舞台，但这种灵感经常是刹那即灭，意识必须即时将它"捕获"，才有用处。

来自梦中的苯构造式与缝纫机

潜意识不仅比意识有更宽广的视野，而且对偏狭的意识更具有"补偿作用"。下面要介绍的凯库勒和赫威（L.Howe）的灵感之梦正说明了这种特性：

德国化学家凯库勒（F.Kekule）在实验室里花了几年的时间，却一直无法找出苯的结构式。在一个寒冷的冬夜，他坐在火炉旁打盹，睡梦中他看见一串串的原子链像蛇一般绕动，当其中一条蛇用口咬住自己的尾巴时，凯库勒如被电击般惊醒，他觉得多年的问题已获得了解决。像苯这一类的碳氢有机化合物，它的结构并非如他以前所想的是"开放式"的，而应该是像他梦中的蛇般，是密闭的环状结构。凯库勒这个梦解决了化学上的一大堆难题，他后来对同事们说："各位先生，让我们学习如何做梦吧，也许我们能从梦中发现真理。"

美国的发明家赫威是缝纫机的发明者，在发明缝纫机之前，他对如何将针安置在缝纫机上一筹莫展。有一晚，他梦见自己被一群野人抓走，野人告诉他，如果他不能在二十四小时内造出一架能缝纫的机器，他们就要用矛刺死他。梦中的二十四小时很快就到了，赫威无法完成工作而将被处死，当野人的矛刺向他身上时，赫威注意到矛的尖端上有眼睛一般的洞。他从噩梦中惊醒，立刻了解到他所要改良的缝纫机，针孔应该像梦中的矛孔一样，是在尖端部位。

凯库勒的意识一直专注于苯的结构式应该是"开放式"的假设中，他不停地苦思，却到处碰壁。当意识休息时，潜意识在梦中浮现，它提出了一直被意识所忽视的、另一个完全相反的假设：苯的结构式应该像梦中咬住自己尾巴的蛇一样是"密闭式"的。同样地，赫威的意识也一直认为缝纫机的针孔应该像普通针一样是在顶端的部位，结果也是百思不得其解，但当意识休息时，潜意识遂在梦中提醒他：他的意识错了，针孔应像野人的长矛一样留在尖端部位才对！

这就是潜意识对意识的"补偿作用"。

"化身博士"来自一场恐怖的梦

在艺术方面，除了像前面所说的塔蒂尼及柯勒律治从梦中获得一首乐曲或一首诗的灵感外，也有不少作家从梦中获得一篇小说的灵感。但小说，特别是字数相当多、情节跌宕起伏的中长篇小说，与一首诗或一幅画不同，它不可能完整地呈现于梦中。小说家在"捕捉"到梦中呈现的灵感后，通常还需靠自己的意识从事大量的艺术加工，才能成为一部感人而有意义的作品。这也正是纪德（A.Gide）所说"不朽的杰作是由疯狂（潜意识）所唤起，而由理智（意识）所完成"的意思。

史蒂文森（R.L.Stevenson）的《杰科博士和海德先生异闻录》堪称这方面的代表。这篇小说又被称为《化身博士》，是十九世纪末西方相当有名的恐怖怪奇小说。书中的杰科博士是一个高雅、受人尊重的学者，但却也是一个极端压抑、假装完美、残缺的伪君子；而海德先生则是一个丑陋、邪恶的侏儒，他不义而放荡。离奇的是，海德先生乃是杰科博士的"化身"，也就是说两个人实际上是同一个人，而导致杰科博士变成这样的原因，是他喝下自己发明的一种奇异的药粉。

史蒂文森说，这篇小说的灵感乃是来自他的一个梦。他本来就在构思要写一个"双重人"的故事，在连续几天绞尽脑汁后，他梦见："海德（丑恶的侏儒）因罪被追赶，在走投无路时，他服下药粉，于是在追捕者的面前，他出现了恐怖的变形。"

也许是梦境太恐怖了，史蒂文森竟在梦中发出尖叫，而被妻子摇醒。这个梦境使他构思中的双重人故事产生了结构上的改变，他觉得梦中"服下药粉，而身不由己地变形"的场景，比他白天所想的"人为乔装"要来得好，于是他花三天的时间，文思泉涌地写了两万七千字。他得意地念给妻子听，但妻子却认为整个故事的安排过于惊悚，而疏忽了"道德"的议题。最后他听从妻子的建议，又花三天的时间重新改写，才成为我们今天所看到的《化身博士》。在故事结尾，杰科博士曾对他的另一面——海德先生提出如下的解释：

"我自己在道德的层面认识到人有一种原始的双重性……很早以前，甚至在我研制使它成为可能的灵药之前，我就经常因分成两个人的想法而沉溺于快乐。我告诉自己说，如果两个自我都有各自独立的身份，那么生命的一切重担都将烟消云散。不义的那个自我可以走他自己的路，而让正直的自我以安稳的步伐朝前迈进。"因为有这种"道德议题"的发挥，而使《化身博士》的故事更臻于完美。

是史蒂文森真实生活的回响

但史蒂文森为什么会做这样的梦？或者更进一步问：为什么史蒂文森会在心中构思这样一个双重人故事？如果我们追查他过去的个人经验，会赫然发现，在真实生活里，史蒂文森原也过着"杰科博士与海德先生"似的双重生活，并因此而深受良心的折磨。

史蒂文森出身于一个体面而受人敬仰的家庭，他自幼即显露出写作方面的才华，但因性格上的问题，在青少年时期很不得人缘，多数人只是看在他家世背景的分上而忍受他。史蒂文森似乎也无法忍受自己，经常抱怨父母不了解他，他说："我和父母相处得越久就越感到孤独，而我又对这种感觉感到惭愧，结果使事情变得更糟。"

十七岁时，他进入爱丁堡大学工程系就读，在大学里被视为是一个偏离正轨的异端。且让父母更感失望的是，史蒂文森不久竟然放弃好好的工程系不读，而堕落成浪子，成天泡在爱丁堡的暗街里，流连于烟雾弥漫而污秽的酒吧，与所谓的"人渣"混在一起。这里的人生准则和他出身的上层社会完全不同，而上层的社会也假装这个地方和这些人是不存在的，史蒂文森被迫过着一种"双重生活"。

如果这只是史蒂文森人生的一个过渡阶段，也许较易忘怀。不幸的是，史蒂文森在这里爱上了一个名叫凯特的美丽少女，并打算和她结婚。父亲对此当然是极为愤怒，威胁要断他的生活费用。最后，史蒂文森屈服了，也因为这样，凯特终生过着卑污不幸的生活。

直到三十岁，史蒂文森爱上比他大六岁的梵妮，而和她结婚后，在梵妮"如母亲般"的照顾下，史蒂文森才又慢慢恢复正常的生活。

我们可以说，他想写双重人故事的动机，乃至他的梦，都和他过去的个人经验有某种程度的关系。

梦中灵感的科学实验

斯坦福大学的德门特（W.Dement）曾在他的研究室做过一些"梦中灵感"的实验。实验对象是五百名大学生，德门特要这些学生先回答一份问卷，然后在上床就寝前，花十五分钟去想由德门特提出的类似"头脑体操"的问题。第二天一早，学生们录下他们记得的昨夜梦境，然后再花十五分钟去想昨天没有完成的问题。

德门特所出的问题，举两例如下：

问题一：字母O、T、T、F、F……代表一个无穷序列的开头。决定这些字母的规则为何？根据这个规则，接下来出现的两个字母是什么？

问题二：请看下面这些字母：H、I、J、K、L、M、N、O。它们代表一个字，这个字是什么？

经过数次实验，德门特共收到一千一百四十八份有效样本，其中八十七个梦和上述问题"相关"，有五十三个梦属"直接相关"，三十四个梦为"间接相关"。但属"正确答案"的梦则只有九个，而且其中两个应该剔除，因为有两人在入睡前已为问题找到正确的答案。

梦中"灵感"出现的比例虽然不高，但却颇有趣味。譬如有一个学生报告说他做了如下的梦（和问题一相关）：

"我正在画廊里参观挂在墙壁上的画。当我走过大厅时，开始计算画的数量——一张、二张、三张、四张、五张，但第六和第七张画却不见了，只剩下画框。我凝视空洞的画框，有一种奇怪的感觉，觉得某个问题就要获得解答。突然之间，我了解到第六和第七个空间正是问题的答案。"

问题一中的字母，依序是数字 One、Two、Three、Four、Five 此一无穷数列的开头字母，所以接下来的应该是 S、S（Six、Seven）。在入睡前思索这个问题的学生，于梦中用生动的视觉影像为问题提供了正确的答案。

另有一个学生报告说他做了如下的梦（和问题二相关）：

"我做了几个梦，所有的梦里面都有水。在一个梦中，我在追捕鲨鱼；在另一个梦中，我则在大海中玩冲浪；而在另一个梦中，我潜水时遇到一条梭鱼；又一个梦里，雨下得很大；在最后一个梦中，我则扬帆航向风中。"第二个问题的答案正是"水"。题目里的八个字母意指 H to O，to 与 two 同音，所以谜底是 H_2O，也就是"水"。这位学生虽然梦见与水相关的各种视觉影像，但却无法理解此一来自潜意识的灵感，而认为第二个问题的答案应该是"字母"，结果就错了。

以慧根去捕捉梦中的视觉象征

德门特所进行的实验，大学生只花十五分钟去思考那些难题，这跟凯库勒、勒维、阿加西斯、赫威等花相当长的时间去苦思他们的难题，在"用心"上，当然是不可同日而语，所以能有这样的成绩，可以说是相当不错了。德门特提出的问题，类似我国的"灯谜"，经常要运用所谓的"水平思考法"。而"水平思考法"正是惯用"垂直思考法"的意识较感陌生的，那么梦中的潜意识对意识也许具有补偿作用。跟前述伟大的科学家或艺术家的经验一样，梦中的灵感几乎都是以视觉象征的形式来呈现的，要能捕捉到它，并有所领悟，恐怕还需要一些"慧根"，否则它会悄悄地来，又悄悄地去。

第十一章

梦里知是客——清醒梦

知道自己正在做梦的人

格兰特（J.Grant）曾提到他做过一个美梦：有一个美丽、令人神魂颠倒的女人要引诱他，但格兰特因想到自己已是有妇之夫，所以一再抗拒她的诱惑。醒来后知道这只是一场梦，格兰特不禁对自己的"矜持"感到后悔，就像奥古斯丁所说的："我们不必对自己的梦负责。"于是，他怀着期待的心情再度入睡，希望能"重续旧梦"，这次他下定决心要接受她的诱惑，但那个令人神魂颠倒的女人却再也没有出现，永远消失在他心灵的视野……

格兰特说，他嫉妒那些会做清醒梦的人！

所谓"清醒梦"是指一个人在梦中"知道自己正在做梦"，意识似乎还相当清醒，他可以清晰地推理、自由地回忆、有意志地行动，甚至插手改变梦的情节，使梦获得令自己满意的结局。

在亚里士多德时代，即有这种"清醒梦"的记载。弗洛伊德在《梦的解析》一书里，曾提到一个人，这个人声称具有随心所欲加速做梦过程，并如愿地把梦转到任意方向的能力。弗洛伊德说："这个人，睡眠的愿望似乎被另一个前意识的愿望所取代——观察自己的梦，并且去享受它。"但并非每个梦都"怡神悦目"，在另一处地方，弗洛伊德又说："在某些例子里，当梦见不祥的事时，潜意识会这样向意识说：'不要紧，再继续睡吧，毕竟这只是个梦而已！'"

在观察大量的梦例后，弗洛伊德的结论是："有些人在夜里能很清楚地知道自己在睡觉与做梦，因此似乎具备用意志来指导梦的能力。当他对梦感觉不满意时，他能够不醒过来而将梦中断，然后再以另一个方向开始。这就像一位通俗戏剧家在观众施加的压力下，会把戏剧套上一个较愉快的结尾般。或者在别种情况下，譬如他在梦中进入性兴奋状态时，他可以这样想：'我不要再梦下去，以免遗精而耗损精力，我要忍住，把它留给真实的情况。'"

弗洛伊德最后这一段话似乎画蛇添足，既然他认为梦是"愿望的达成"，那么有多少人会在这"栩栩如生"而又"不必负责"的美梦中悬崖勒马呢？

会做"清醒梦"的科学家

虽然有不少人声称他们"在梦中知道自己在做梦"，但没有人知道他们是不是"真的知道自己在做梦"。因此，大多数研究梦的学者认为那可能只是一种幻觉，是在清醒时闪过心中的"梦样景象"，而被人误认为是"梦"。二十世纪六十年代，英国的超心理学家格林（C.Green）写了一本书，书名就叫《清醒梦》，以逸闻的方式记录了一些梦例。二十世纪七十年代初期，美国的心理学家加菲尔德（P.Garfield）也出了一本书，叫《创造性做梦》，对清醒梦有较详细的讨论，但因为他们均非科学研究的主流，他们的看法并未受到重视。

清醒梦受到科学界的重视，是近几十年来的事，这方面的研究报告主要来自斯坦福大学的"睡眠研究中心"。其中的代表人物是年轻的心理学博士拉伯奇（S.P.La Berge），他对"清醒梦"极感兴趣，因为他本身就是一个经常做清醒梦的科学家。三年时间，他记录下来的自己能够回忆起来的清醒梦，竟高达三百八十九个。下面就是他所做的一个清醒梦：

"我带着一捆铺盖和衣服走在大街上，一辆出租车突然出现，挡住了我的去路。两个坐在车内的男人及一个站在外面的男人以暴力威胁我，我看到出租车后面有一个女人，她没有穿裙子，正在将某个东西放进她的车内。我忽然意识到我是在做梦，于是我攻击那三个强盗，将他们揉挤成一个形状不太确定的物体，然后放火烧了他们。将他们烧成灰后，我用他们的骨灰做成一个土堆，准备让花生长。"

拉伯奇每天晚上睡觉前，都在床头放一本笔记簿和一支装有小电池的发光笔，在做了清醒梦后醒来，他会立刻在黑暗中记录下做的梦（免得吵醒他太太）。这些梦尽管相当生动逼真，但问题是如何让他人客观地知道"你知道自己正在做梦？"

拉伯奇的博士论文谈的就是这个问题，他认为梦既然是出现在 REM 睡眠期，那么可以由脑电图测出脑电波的变化，及由眼电图测出眼球的转动。做梦者既然知道自己正在做梦，完全觉知自己在梦中所看到的景像，那他应该也可以发出某种能让外界观察得到的"讯号"，表示他"正在做梦"。因为做梦时眼球仍会动，所以拉伯奇先从控制眼球的转动着手，事先约定梦者在知道自己正在做梦时，需发出眼球依特定方式（如左右、左右）转动的讯号，后来又增加"握拳"的讯号。结果证明，知道自己正在做梦的人，确实能在梦中发出上述的讯号。

插手改编自己的梦

一个人既然知道自己正在做梦，那么他不仅在醒来后，对梦境有较清晰的记忆，而且也能在梦中改变他的梦境，"随心所欲"地做梦。拉伯奇依他自己的经验说，一个会做清醒梦的能手，在自然的梦境出现后不久，可以在刹那间让原有的场景、角色与情节完全消失，而改变成自己较感兴趣的梦境。譬如有一次他梦见自己正在一个景观壮丽的峡谷上空飞翔，他看到一个湖，湖中有个小岛，他想去造访那个岛，但在晓得自己正在做梦后，他改变心意，想去看一位当老师的朋友，于是他在空中一个转身，山谷、湖、岛刹那间在梦中消失得无影无踪。

下面是另外两个他插手改变情节的梦：

"我梦见我正走在一座下有深渊的危桥上，俯望那深不可测的谷底，我害怕再继续前进。在我身后的同伴指着后面无尽的远处说：'其实你不必往前走，你可以朝来时路往回走。'但就在这时，我想如果我是清醒的，我就不必恐惧这梦中的深渊。在晓得自己正在做梦后，我控制住恐惧——走过危桥，然后从梦中醒来。"

在另一个梦中：

"我梦见自己正像蜥蜴般在摩天楼的侧壁上攀爬着，当我知道自己正在做梦后，我想我可以飞离摩天楼。在飞离后，梦境转换成另外一个场景：一位老师在对我的梦做评论，他说：'斯蒂芬这个梦好的一面是，他知道自己正在做梦，而且（在梦中）能够飞翔；但坏的一面是，他没有认清既然那是梦，也就没有逃离的必要。'"

以梦攻梦，以梦治梦

梦中出现的事件虽然是幻觉，但我们对梦境的情绪反应则是真实的，拉伯奇说："当我们在梦中感到恐惧时，即使知道那是梦，恐惧的情绪也无法自动消失，我们仍需去应对它，否则，清醒梦与我们清醒的生活就不会有什么有用的联系。"拉伯奇在第一个梦——"危桥之梦"中，当晓得自己是在做梦后，仍在意识的指引下渡过危桥，以克服恐惧，这对他白天的意识生活不无帮助。但在第二个梦——"摩天楼之梦"中，他不去解决梦中的冲突，相反地，却"逃离"冲突。但作为一个"梦研究者"，他又安排一个老师的角色，在梦中对自己加以责备，因为他平白失去了一次在梦中磨炼自己的机会。

有些人在睡眠中，经常为噩梦所扰，一再出现的噩梦也可能有潜在的心理冲突，但如果有做清醒梦的能力，则可将噩梦"解决"掉。另一位心理学家斯帕罗（G.S.Sparrow）曾报告过一位女士所做的梦：她经常做自己被男人追赶的噩梦。有一天晚上，她又做了在一条小路上被人追赶的梦，但她忽然知道自己是在做梦。她告诉自己说"我已厌倦这种没完没了的追逐"，于是她在梦中停止了奔跑，转头向那追他的男人走去。她摸摸那人的身体，问他："有什么需要我帮忙的地方吗？"那个男人变得很温和、开朗，回答说："是呀！我和我朋友都需要你的帮忙。"于是她和男人一起到他与朋友共住的公寓中，和他们讨论问题，并对他们两人产生了同情心。

这种以梦攻梦，以梦治梦的做法，可以说是梦中的心理治疗，方法相当新颖，也相当吸引人。

"清醒梦"的自我训练法

并非每个人都能在梦中知道自己正在做梦，据粗略估计，只有约 10% 的人具有这种"能力"。来自各方面的观察显示，在清晨时较容易做清醒梦；有些活动也会刺激清醒梦的产生，譬如午夜性交后再度入睡时；凌晨醒来后，看书、写字或冥想一段时间，再度入睡时；在睡着时（REM 睡眠期）

听自己的录音；或者接受催眠，给予做清醒梦的"催眠后暗示"；甚至"自我暗示"等，都能增加做"清醒梦"的机会。

拉伯奇认为，大多数的人只要经过训练，都可以知道自己正在做梦，并进而成为自己"梦的导演"。他设计了一套"清醒梦记忆诱导法"，我将它稍做整理，介绍如下：

第一：经常问自己"我现在是不是在做梦？"在白天清醒时，你很容易就可以从外在环境中找到"不是在做梦"的线索，然后提醒自己："下次做梦时，我一定要知道自己在做梦。"将之养成习惯后，当你正在做梦时，可能就会因出现"我现在是不是在做梦？"的问题，而"知道自己在做梦"。

第二：当清晨或半夜从一个梦境中醒来后，靠想象力立刻让自己"再回到"那个梦中，同时提醒自己："下次再做梦，我就要记得自己在做梦。"

第三：在每晚入睡前，幻想自己已开始在做梦，闭眼在脑中摹想那些情景。一般来说，属于常见的典型梦之一的"飞翔之梦"是比较容易操作的梦境，因此，最好是集中注意力在"梦见飞翔"上。闭眼躺在床上，心中反复如下的句子："今晚我要飞翔！而且仍然保持清醒，想象那种愉快的旅程。"

第四：当有了飞翔的清醒梦后，再慢慢有计划地"编导"较复杂的梦境。

英国的心理学家赫恩（K.Hearne）还特别设计了一种能告诉梦者正在做梦的"做梦机"。他利用 REM 睡眠期（做梦期）呼吸会变得快而不规则的现象，将一条测量呼吸速率的感应线一端夹在鼻孔，一端接住"做梦机"。当呼吸速率一分钟超过十八次时，"做梦机"即能接收到讯号，而由装在梦者手腕上的电极发出一系列轻微的电击。梦者可练习将此电击解释为"这是一个梦"，在知道自己正在做梦后，意识即可介入，改编情节。

人在梦中真的能随心所欲吗？

小说家纪德（A.Gide）说："当你没有足够的钱去买梦中之物时，你就去买一个梦。"能做清醒梦的人，他连梦都不必去"买"，靠自己"做"就可以。能随心所欲地编织自己的梦境，在梦中过着自己向往的美好人生，与自己思慕的异性欢爱，能让自己痛恨的敌人俯首。心想事成，多么惬意，多么欣慰，梦成了名副其实的"愿望达成"。

但人真的能"随心所欲"地编织梦境吗？不管是从科学的、生理的还是心理的角度来看，人在夜梦中，都是不可能保持"完全清醒"的意识的，意识对梦境的"介入"有其一定的限度。事实上，有些研究者还发现，梦也有它的"盲点"，我们在梦中难以呈现某些在日常生活中属司空见惯的琐事。譬如"走进一个黑暗的房间，打开电灯，于是室内大放光明"是人人都有过的经验，但在汗牛充栋的"梦境报告"中却找不到这样的梦（弗洛伊德在《梦的解析》里，曾提到一个老绅士想"扭亮电灯"但却办不到的梦，他把它解释成梦者已无法重燃他的"生命之灯"）。

前述的赫恩做了一个实验，他找来八个能做清醒梦的人，要他们在下一个清醒梦中，梦见"电灯的开关"，然后"开灯"。结果有六个人说他们在梦中虽找到了电灯的开关，但它却"失去了作用"，梦中之灯不会亮。有一个人则说他找不到电灯的开关，而另一个人说，他在梦中开了灯，但却是在"他闭起眼睛后，灯才亮的"，也就是说，他还是没有"看到"电灯由暗变亮。

这个实验告诉我们，梦并非"无所不能"，它仍有其极限。而且，我们在梦中办不到的事，可能不只是限于"开灯"而已。

梦耶？真耶？小心为妙！

虽然无法事事"心想事成"，但若能够适度地介入自己的梦，总比"身不由己"要来得好。根据北爱荷华大学实验心理学家盖肯巴赫（J.Gackenbach）的观察，具有做"清醒梦"能力的人，较不忧郁，也较少有神经质的倾向，他们的心理较平衡，也较自信。这也许是因为他们的愿望与心理冲突在清醒梦中得到适当的满足与疏导的关系。

但即使能随心所欲地做梦，我们也不能因此而混淆梦幻与真实的界限。麦克里里（C.Mccreery）在一本《心物研究》的期刊里，说了下面这个发人深省的故事：

我发现我和X先生正在长廊尽头的一个房间里，我正告诉他自己所做的一个清醒梦，突然，我有所领悟地说："当然，现在我正在做梦。"

X先生露出一个揶揄的笑，说："也许是吧，但你怎么知道？"

"这当然是梦！"我说着，就跨到窗户上："我要飞（给你看）！"

"但如果这不是梦，那你不是很愚蠢吗？"X先生说。

梦耶？真耶？看来一天到晚自问"我现在是不是在做梦？"的人，还是小心为妙。

第十二章
梦游与梦呓

《秋灯丛话》里的梦游与梦呓

清朝王椷所著的《秋灯丛话》里，有这样一则记载，我将它译成白话，如下：

"我的族人某某，经常在睡到半夜时，就从床上起来，开门外出，在村里绕行，不久又回到床上再睡，但自己却不知道。后来他和亲友从事航海贸易的工作，大家怕他以前的毛病又发作，所以每当他在船上睡觉时，就将他绑在床上。但时日一久，人们某夜未绑，他在睡梦中又突然爬起来，打开舱门，走进海中，结果被汪洋吞没。"

"我的亲戚新雇用了一位姓李的仆人，他在晚上睡觉时，会忽然从床上坐起来，大声吟唱，唱完倒头又睡。大家问他，却只听他鼾声大作，浑然不觉。有一天晚上，小偷潜入内宅，刚爬上墙，李某突然从床上跃起高歌，而且还手舞足蹈，如演戏一般。小偷看了大惊，竟从墙垣上掉下来。众人听到声响起床查看，抓住落地的小偷，而睡梦中的李某依然在高歌，未曾停歇。"

第一个故事说的是"梦游"，第二个故事讲的则是"梦呓"。在古籍里有不少这样的记载，传统的看法认为"梦游"与"梦呓"是一种"活动的梦"。

"梦游"并非梦，而是"睡走"

所谓"梦游"是指一个人在睡眠的状态中，从床上爬起来，四处游荡。虽然它可发生于任何年龄（只要会走路），但以六岁到十二岁的小孩最多见，成人则较少见。

梦游通常发生于睡眠的前三分之一段时间内，也就是入睡后两三小时内。利用脑电图仪观察，梦游通常都开始于"非 REM 睡眠期"的第三、第四阶段（深睡期），换句话说，它不是在正常的做梦期（REM 睡眠期）内。"梦游"并非指在"梦中游荡"，英语将"梦游"称为"睡走"（sleepwalking），可能较接近它的真实情况。

梦游的时间因人而异，短的只有几分钟，长的则有半小时或四十分钟之久。有梦游倾向的小孩通常只是迷迷糊糊地从床上坐起来，反复做一些刻板或无目的的动作，譬如不停地用手捏棉被，然后又倒下去继续睡觉。但有小部分小孩及大人的梦游则"花样"较多，他们会从床上爬起来，到处走动，可能走到屋里的其他房间或走到户外。他们有的只是单纯的走动，但有的则会做出颇为复杂的动作，譬如开门、穿衣服、搬动家具，甚至开车（有人曾在梦游的情况下开车外出，直到车祸发生，才惊醒过来）。

梦游者的眼睛通常是张开或半闭着的，但显得无神，不左顾右盼，不过当梦游者碰到障碍物时，他通常会自动避开。他的动作缓慢而僵硬，有点像机器人。如果他开口说话，通常是语无伦次的梦话，你如果问他"要去哪里？"或"现在几点钟？"他通常不会回答你的问话。没有文献报告说有人曾和梦游者交谈过，但如果你命令他"回到床上去"，则他通常会听从命令，乖乖地回到床上，继续他的睡眠。如果用力摇醒梦游中的人，他醒来后，往往会不知道自己究竟在哪。

梦游者在梦游的时间结束时，通常会自行回到床上继续睡觉，但有时候则随地倒下来睡觉，第二天早上醒来，一脸惶恐，不知道自己为什么会睡在这里，并且对梦游时发生的事都没有记忆。

梦游有家族遗传倾向

梦游较常见于儿童及青少年，据统计，有 15% 的孩子最少有过一次梦游的经验，经常性的梦游者则在 1%～6% 之间。但梦游在长大后通常会自动消失。成人得梦游症较少，但属慢性（经常性）的较多，且几乎每个人在小时候都有过梦游的经验。

梦游有强烈的家族遗传倾向，且男性比女性多，同卵双胞胎中若有一人会梦游，则另一人梦游的机会相当高，这显示梦游可能有遗传因素。一对夫妇及他们的四个儿女都会梦游，有一天凌晨三点钟全家人不约而同地从床上爬起来，聚集在餐桌前，直到有个孩子不小心撞翻了椅子发出巨响，全家人才清醒过来。

据睡眠实验室的观察显示，梦游者多属"深睡者"，他们入睡后，比一般人睡得更沉，较难被摇醒，而且做的梦也较少。有梦游症的小孩，他们尿床、夜惊的概率较正常小孩高，且中枢神经系统感染、受伤和患癫痫的概率也较正常人高。

梦游通常发生在深睡阶段，所以如果白天太过劳累，或前几夜睡得少，或是在睡前服用镇静剂、安眠药，则当夜睡得越深沉，梦游的概率就越大。

儿童梦游以器质性原因为主

为什么会梦游？儿童梦游的原因可能与成人不太一样。虽然有人主张孩子的梦游与心理因素有关，譬如梦游中的孩子会不知不觉走到父母的房间，这可能是孩子企图排除孤单、恐惧、寻求保护的表示。也有人说梦游与某些能激起焦虑的情境有关。克莱门特（Clement）曾报告过一个七岁的小男孩，平均一周梦游四次。他的梦游通常在入睡后四十五到九十分钟发生。在从床上爬起来之前，他会先在床上说梦话、呻吟。经过调查，他经常会做"被一只大黑虫追逐，大黑虫要吃掉我的腿"的噩梦。这个噩梦过后不久，他就在床上呻吟、翻来覆去，然后爬起来，在屋子里走来走去。哈费德也曾说，某位受父亲虐待的小女孩，在睡梦中，不仅梦见逃脱了父亲的掌握，而且真的从床上爬起来，走下楼梯想逃走，最后碰到一堵墙才醒过来，她不知道自己在做什么，也不知道自己为什么会在那儿。

但多数孩子的梦游可能与中枢神经系统尚未发育完全有关。前面说过，梦游通常发生在非 REM 睡眠期的第三、第四阶段，孩子睡眠周期中的这两个阶段较长，如果用脑电波测量出小孩的睡眠进入这个阶段后，将他从床上抱起来让他站着，他会自动走来走去，且仍继续"睡着"。孩子的尿床与夜惊也都发生在睡眠周期的这个阶段。因此，孩子的梦游、尿床、夜惊可能有其器质性的原因，而与心理因素关系较少。

成人梦游较多心理因素

成人的梦游则与心理因素有较多的关系。莎士比亚创作的《麦克白》里，对麦克白夫人的梦游做了极为生动的描述。第五幕第一景，医生和侍女深夜守在麦克白夫人的卧室外，看麦克白夫人手持烛台出来。

侍女：你看！她来了。这正是她往常的样子，我以生命来打赌，她是熟睡着的。仔细看她，站近一些。

医生：你看，她的眼睛睁着呢。

侍女：是的，但她的视觉是闭着的。

医生：她现在在干什么？瞧，她在擦着手。

侍女：我曾看见她这样擦手足有一刻钟。

麦克白夫人：去，可恶的血迹！去，我说！一、二，现在已经到下手的时候了。地狱是黑暗的！呸！丈夫！呸，你一个军人，还害怕……这里还有血腥气……啊！啊！啊！

医生：这一声叹息多么沉痛！她心里必有过度的哀伤。

侍女：纵然为了全身都享受着尊荣，我也不愿胸里藏着这样的一颗心。

医生：这种病我没有办法医治，不过我知道有些在睡梦中走动的人，曾安然地死在床上。

医生：外边很多骇人听闻的流言。反常的行为引起反常的纷扰，良心负疚的人往往会向无言的衾枕泄露他们的秘密。她需要教士的训诲甚于医生的诊视。

从这段描述里我们发现，莎士比亚对梦游的认识是：梦游者眼睛"睁"着，但视觉却"闭"着；梦游者会自言自语，但语无伦次；梦游者心里有"过度的忧伤"；梦游者会自行回到床上去，并对梦游的经过没有记忆。这与现代医学对成人梦游的了解相去不远。

成人梦游多半会喃喃自语，且做出看似"有含意"的重复性动作。专家认为，这些梦游中的外显言行是梦游者内在的、幻觉式的再度经历过去某个创伤事件的表示。麦克白夫人在梦游中一再"擦手""自言自语"，正是想"洗清"她参与谋杀邓肯国王的"罪恶感"。

梦游其实是精神解离状态

当我们做梦时，梦中所出现的言语或动作，虽然只是"纯想象"，但在梦醒后，仍然留有依稀的记忆。而在梦游状态中所表现出来的语言和动作虽然是具象的，但在叫醒梦游者后，他却反而没有"丝毫记忆"。这种差别，似乎表示梦游与梦是属于不同的意识范畴。梦游让人联想到的是"解离型歇斯底里精神官能症"中的"梦游症"(somnambulism)。二十世纪初精神科医生珍妮特（Janet）曾报告过这样一个实例：

"一个二十九岁，名叫纪波的年轻女人，聪慧而敏感，某天她突然听到一个不幸的消息，住在隔壁的侄女刚刚凄惨地死了。她听到这个消息，急忙冲出去，适时看到横躺在街道上的侄女的尸体，侄女是在一种谵妄的状态中从高处的窗户跳下来活活摔死的。纪波虽然很受打击，但仍表面保持镇定，帮忙料理后事，参加丧礼时也没有什么异样。但从那件事以后，纪波变得越来越阴郁，健康大不如前，开始出现我们下面就要提到的症状。几乎每天，她都会进入一种奇怪的状态中，看起来好似在做梦般，温和地和一个她称为宝琳的人在谈话（宝琳是她死去侄女的名字）。纪波对宝琳说自己很欣赏她，佩服她的勇气，她的死是一个美丽的死。然后纪波走到窗边，打开窗户，又将它关上，她从这一扇窗走到另一扇窗，有时爬到窗户上，如果不是她的朋友及时阻止她的话，她一定会摔下去。在纪波被阻止后，她东看西看，摇晃着身体，揉揉眼睛，又恢复了正常，好似什么事也没发生般。"

纪波的症状几乎跟普通的梦游一样，只是它并非在"入睡之后"才出现。"解离型歇斯底里精神官能症"的一个特征是，当事者对某段时间内的遭遇"浑然不觉"。根据精神分析的说法，这是出于一种心理上的潜抑作用。成人的梦游，也许有些是属于这种解离型的歇斯底里精神官能症。

梦游有潜在的危险性

王械的族人因在船上梦游，结果走进海中，而一命呜呼。梦游者到处走动，有其潜在的危险性。一般人相信梦游者可以在高楼大厦的窗缘上漫步而不发生危险，其实这不是不可能的。因为梦游者不知恐惧为何物，自然能如履平地，但如果你在他处于这种危险的环境下"唤醒"他，他清醒过来后，可能会"害怕"得摔下去。还有一种情况是，走在高楼窗缘的他，因不知恐惧，有时会将脚跨出窗外，或撞向墙壁，这些后果都是不堪设想的。

塔维斯（Tavis）曾报告一个十四岁的男孩，梦游时从床上爬起来，然后从家里的后门走出去，走上高速公路，被一辆迎面而来的车子撞到，还好只受了点轻伤。人们认为梦游者绝不会伤害自己或伤害别人的想法也许太过乐观，如果你看到一个梦游的人，最好是在他还没有踏入危险的环境就"唤醒"他。

梦呓很少泄露内心深处的秘密

梦呓（说梦话）经常伴随梦游而出现，譬如莎士比亚笔下的麦克白夫人，王械笔下的李姓仆人（李姓仆人从床上坐起，手舞足蹈这些活动即已构成梦游）。但说梦话并非梦游者的专利，它比梦游更常见，大人和小孩都有。

古书里记载，三国时期吴国的吕蒙，有一次喝醉酒，倒在殿堂上呼呼大睡，睡梦中突然张口说梦话，把整本《易经》完全背诵了出来，旁边的人听了都非常惊讶。等吕蒙醒后，大家纷纷追问他是怎么一回事。吕蒙说他刚刚梦见和伏羲氏、文王、周公聊天，谈论国家兴亡以及天文地理。吕蒙觉得他们谈的都是《易经》的原理，但却未曾使用《易经》里的一句话，于是他便将《易经》的全部文字背诵给他们听。

如果这是真的，那吕蒙的梦话可能是有史以来最长且条理最清楚的梦话了。

吕蒙的梦话其实是他梦境的一部分，所以他才记得自己所说的梦话。但根据各地睡眠实验室的观察，梦话可以出现在睡眠周期的任何阶段，说梦话时并不一定就是在做梦，梦话通常只是短短几个字，没头没尾，很难了解要表达的是什么，因此称为"梦呓"。较长的梦话可能会涉及睡者的生活或者他关心的问题，但均非不可告人的事。所以晚上睡觉时会说梦话的人可以放心，梦话或梦呓很少泄露内心深处的秘密。

04

释梦的艺术：
梦剧解析

第十三章

舞台、角色与活动的分析

心灵剧场的三元素

在了解了梦的语言与文法，熟悉了各种常见的梦型后，现在我们换个角度，以做梦者为主体来从事释梦的工作。

在梦的舞台上，每夜都上演着不同的戏码，虽然五花八门，但就像普通戏剧般，每部心灵演剧都必然包含了舞台（场景）、人物与活动三个基本要素。二十世纪中期，加州圣克鲁斯的"梦研究所"所长霍尔（C.S.HaII）曾根据这三个要素记录、分析了数百个正常人所做的数千个梦。在大量观察之下，霍尔认为梦的舞台、人物与活动似乎有着某些共同的归趋，而且，不同的场景、人物与活动可能反映不同的人格与心理状态，这是我们在解析每一个特殊的梦所代表的特殊含意之前，应该先有的基本认识。

当然，我们不能根据单一的梦中出现的场景、人物与行动，就草率断定这是在反映什么样的心理状态。而是要大量观察，就好像我们在看了一个小说家的十几本小说后，发现他老是在撰写同样的场景、人物或活动后，才能说原来他有什么"风格"。

室内与户外的舞台差异

根据霍尔的分析，梦中最常出现的舞台是"室内"，约占三分之一，而这个"室内"又以客厅最为普遍，其次为卧室、厨房、楼梯、地下室、浴室、餐室等。这些房间可能是做梦者自己的屋子，也可能不是。

以户外为梦舞台的也很常见，约占十分之一。特定的休闲娱乐场所，如公园、餐厅、海滩、舞会、宴会等，也约占十分之一。相反地，做梦者白天上班的公司或工厂反而较少梦见，这表示做梦的享乐倾向是多于工作倾向的。

如果我们将梦的舞台划分为"室内"与"户外"两大类的话，则在女性的梦中，较常以"室内"为舞台，而男性则较常以"户外"为舞台。这和一般人的观念刚好吻合，在一般人的观念里，男性较喜欢海阔天空，不受限制；而女性则较喜欢密闭处所带来的安全感。

另一个有趣的发现是，对酒吧与餐馆这两个满足口欲的地方，酒吧较常出现在男性的梦中，而餐馆则较常出现在女性的梦中。

特殊的房间常具有特殊的象征意义，譬如下面这个中年妇女所做的梦：

"我梦见我在地下室里，一群人——包括我的丈夫、儿子、女儿、朋友等围着我。但这友善的一幕被一个我不认识的年轻人破坏了，他掏出枪来，显然是要杀死我的一个密友（男性），我丈夫和他拳斗，结果他被我丈夫击昏了。我丈夫和儿子把他拖进另一个房间锁起来，然后叫我打电话给警方。"

在"地下室"中发生的事可能表示当事者潜意识中的冲动，她对那位男性密友怀有敌意，而在梦中招来一个陌生人，企图用枪打死他。但这个冲动还是被压抑下来了——她"让"丈夫将这个陌生人（潜意识冲动）击昏，拖到另一个房间"锁"起来，这象征做梦者为自己的犯罪冲动设了一道防线。而"打电话给警方"则象征良心的浮现，制止了她那可鄙的愿望。

以交通工具为舞台的含意

大约有 15% 的梦是以"交通工具"为舞台，如汽车、火车、飞机、轮船等。搭乘交通工具表示做梦者正要"前往某地"，他正在"移动之中"。"移动"既象征着野心、进展、成就等，也象征着挣脱家庭束缚、逃离某人（事）或死亡。另外，车船、飞机等都是发动力量的工具，因此，也可以象征个人的冲动——特别是性冲动的生命力（详见第三章）。以前的人在梦中常以马来象征其性冲动，现代人则多以汽车或飞机来象征。

在梦中，做梦者是这些交通工具的"驾驶员"或"乘客"这也可能反映出他的自我概念。如果是一名乘客，他对车船欲开往何处及走哪一条路就没有什么决定权，换句话说，他是被动的、依赖的。如果是一名驾驶员，则表示他较独立自主。下面这个少女的梦包含了上述两种不同的概念：

"我梦见我和父亲坐在一辆老旧的雪佛兰车内，由我驾驶着，但我无法将它开上一条很陡峭的山路，因此就换我父亲驾驶。"

我们可以说，在这个梦中，少女原来自视为一个独立自主的人，但在遇到麻烦时，她就转而依赖父亲。

在驾驶中，如果他（她）失去控制，撞上其他车（人）、翻落悬崖、闯红灯或从山坡上滑落等，可能表示他（她）已无法控制内心的冲动。如果是以精湛的技巧在千钧一发之际避开意外，则表示心中乱窜的冲动仍在他的控制之中。

　　梦见自己正在街上或其他路上步行，也颇为常见，约占所有梦例的 10%。如果梦见自己走过一座桥，可能象征做梦者正面临生命的转型期，譬如从青年期步入成年期，从中年期步入老年期等。

　　另有约 5% 的梦，梦境舞台并不明显，有时候则是变来变去，譬如下面这个梦：

　　"我梦见自己正站在一处悬崖的边缘，当我往下看时，看到巨大的岩石，海水拍击其上形成白色的浪花。我的目光越过蔚蓝的海水，可以看到远方的落日像个下沉的火球，它那金黄的光芒像丝绸般直抵我的脚下。天空是明亮的蓝色，在海天交接之处非常亮丽。在这个时候，我觉得正午的艳阳正照在我的头上，我站在青草地上，像踩在厚重的地毯上，柔软而舒适……"

　　一般说来，梦境的舞台多是做梦者非常熟悉的地方，陌生而怪异的场合不是没有，但却少见。这些舞台虽然熟悉，但可能跟实际的情景不太一样。譬如梦见在自己的卧室中，但房门可能开在不同的位置，或者房内多了另一套摆设等。这个梦中的"卧室"可能是由你所熟知的几个房间"组合"而成，在梦中出现的人物也常会出现这种"组合"，这是梦运作的一个特征，我们在第四章里已经说过了，此处不再重述。

"他"为什么出现在我的梦中？

有了舞台，当然还要有剧中人。梦既是做梦者个人的心灵演剧，剧中当然少不了做梦者自己，近乎 100% 的梦，做梦者自己都会出现在梦中，有时候独挑大梁，有时候只是个小角色，有时候则仅是个旁观者。剧中人只有做梦者自己一人的"独角戏"约占所有梦例的 15%，其他 85% 的梦，都有一两个或者更多的角色出现，包括做梦者在内的"三人行"是最典型的。有人说这象征做梦者与父母间的"三角关系"，但如果硬要把所有的梦都套入这个框框里，可能会削足适履。

这些人为什么会进入我们的梦中呢？下面是霍尔等人对数千个梦例的"角色分析"：

在梦中的角色里，做梦者的家人占有相当高的比例，如果做梦者是一二十岁的年轻人，母亲和父亲是最常在梦中出现的亲人，如果做梦者是中年人，那么配偶和子女就成了他最魂牵梦萦的亲人。能走进我们梦中的通常是与我们有感情牵连的人，这种感情可能是爱，也可能是恨、恐惧或者爱恨交加。一个羽翼渐丰，想要摆脱家庭束缚而寻求自立的年轻人，经常梦见他的父母亲，正表示亲子间矛盾关系的升高。同样地，中年期的父母亲也常会梦见他们就要远走高飞的子女。

我们如果想要知道"谁"常梦见我们，只要看看常常出现在我们梦中的是"谁"，通常就不会太离谱。因为这种感情的萦绕常是相互的。

朋友和熟人也是另一批常出现在梦中的人物，一个有趣的现象是，在男性的梦中，同（男）性朋友出现的比例要比异性朋友来得高；而在女性的梦中，同性和异性朋友出现的比例则约相等。为什么会有这种现象呢？有人认为男性和其他男人的关系较不稳定，所以梦中出现男人角色的机会较多，而女性则对同性与异性均有同样的感情冲突，因此两者在梦中也等量齐观。

梦中的陌生人

一些我们在报纸杂志、电视、朋友聊天中经常提到的伟人、名人、明星等，反而很少出现在我们的梦中。这再度显示我们的梦很少涉及社会层面。这些人物，我们在意识层面也许表现得相当关切，但在内心深处（潜意识层面）则可能不太重视。

在梦中，每十个角色中就约有四个是我们不认识的陌生人。陌生人象征着未知、暧昧与不稳定，陌生人同时含有威胁与诱惑的双重含意。有时候，梦中的陌生人代表我们人格中阴晦的、我们不愿承认的一面；有时候，"他"代表我们所认识的某人。譬如一位女士梦见自己受到一名陌生男人的攻击，这个陌生男人可能象征她的兄弟、男朋友、丈夫或父亲。在白天清醒时，她并不觉得有何不妥，但在下意识里，她可能担心受到攻击或处罚。因此，她的男朋友、丈夫或父亲在梦中会以"陌生人"的姿态出现。

很多人会问："为什么在白天的清醒生活里对我们没有什么意义的人物会突然出现在梦中？譬如梦见一个屠夫，或者一个好几年没见面也没想念的朋友？这些人显然并非我们魂牵梦萦的人物。"有一个解释是这些人物的突然出现对我们的生活具有象征意义，他可能代表与我们有情感纠葛的某人的一个"样貌"，或者代表我们自身人格中的某种特质，或者与他有关的前尘往事正反映我们目前的困境……譬如，屠夫可能表示我们的内心或者某人的攻击性，而小学同学的浮现可能暗示目前你与某人的关系就像昔日你与他的关系般。

"移动"是最常见的活动

一个人在梦中到底做什么活动呢？根据统计，最大的一个活动项目是"移动"，诸如走路、奔跑、跳跃、飞翔、滑落、攀爬或者骑乘交通工具来移动身体，变换位置。在梦中的所有活动中，几乎每三个就有一个是属于这类的活动，睡眠显然给予梦者较大的活动自由（靠心思的驰骋）。但在梦中，梦者主要还是靠传统的方式如走路、跑、骑乘交通工具等来移动位置，超越其生理限制的飞翔、奔跃、钻洞等方式并不如一般人预期得那么多。而且他活动的范围通常局限在他熟悉的环境中，在外国旅游或走动的梦相当少。

消极性的活动如谈话、坐着、站着、观看等，在梦中也相当普遍，约占所有活动的四分之一。而需要卖力或费心去做的活动，也就是我们白天清醒生活中主要的活动，如工作、买东西、卖东西等反而极少见。吃喝等饮食活动也不常见。

手及身体的活动在梦中虽然不是很常见，但活动的种类则较多样，同样地，很多我们清醒生活中常做的事在梦中也会被"省略"。在霍尔分析的数百个梦中，没有一个人梦见打字、缝纫、熨衣服、拿工具或修理东西。煮饭、打扫房间、整理床铺、洗盘子等家事活动，各只有一个人梦见。

洗澡、化妆等活动在梦中较多，但也不是很多。相反地，玩游戏、游泳、跳舞等出现的频率则高很多。从这些统计分析中我们再度发现，我们在梦中很少从事与白天"职责"有关的活动，梦的世界并非白天世界的重现，在梦中，我们有更多享乐倾向。

积极性活动与消极性活动

如果我们将梦中的活动分为积极性活动（如跑、开车、游泳、跳舞、打球等）与消极性活动（如观看、谈话、坐、站等）两种，那么女性在梦中的活动要比男性来得"消极"，这可能反映男女两性白天清醒生活中的活动形态，也可能表示男女两性依其性别而有不同的"自我概念"。

若从个别来看，每个人在梦中所表现的活动形态也有很大的不同，即使我们不认识他的人，而只看他的梦，也可从梦中窥知梦者"自我概念"的一些端倪。譬如 A 君，"梦研究所"收集了他所做的十七个梦，在十一个梦中，A 君只从事坐着、观看、倾听、谈话、走路等消极性的活动，其中有六个梦，A 君坐在汽车里，而只有一个梦是由他驾驶，其他则是坐在后座当乘客。梦中出现的其他角色从事各式各样的活动，但他通常只在一旁观看。

在现实生活中，A君是一个有才华的年轻音乐家，他从小就参加管弦乐队，没有太多机会和其他男孩子一起运动或游戏。他敏感、害羞、自制，和女孩子在一起会觉得不自在，但他温和的个性却也博得他人的好感。这种形象和他梦中的形象是颇为吻合的。

另一位B君则完全不同，"梦研究所"收集了他所做的十九个梦，在十三个梦中，他从事各种积极性的活动，他和人摔跤、开枪想射杀一个人、攀爬一座峭壁、抓了一只乌龟、将一只狗从池塘里拉上来、和一个女孩性交、从翻覆的卡车里爬出来并救出一位朋友。梦中的B君和A君极为不同，而在现实生活里，B君和A君也完全不同。B君有一大堆年轻的朋友，他个性外向，喜欢运动、竞技活动、打猎、钓鱼，而对智性或美学活动兴趣缺缺。A君和B君不同的梦中活动正反映他们不同的人格形态。

没有社会意识的演剧

舞台、角色、活动只是一出戏剧或梦剧的基本要素而已，梦的主要含意还是存在于这三者所构成的情节里。霍尔经过大量观察发现，梦中的情节虽然不少与日间经验有关，但这个经验多属私人性质。而当时社会舞台上的"大事"，譬如总统选举、海外宣战、强权斗争、通货膨胀、经济不景气等，这些在白天经常谈论的社会、政治、经济问题却很少出现在梦中。换句话说，梦几乎可以说是"没有社会意识的戏剧"，它是纯粹私人的演剧。弗洛伊德说："梦是自我中心的。"我们从霍尔的研究里也可以得到印证。

第十四章
文学评论式的释梦法

三梦刍狗

三国时魏国有一个人叫周宣，据说很会解梦。有一天，一个人来问周宣说："我梦见用草扎成的刍狗，这是代表什么呀？"周宣回答说："你可以吃到一顿筵席。"这个人果然吃到了一顿筵席。没多久，他又梦见了刍狗，周宣就说："你会从车上掉下来，折伤两脚踝骨。"这个梦果然又应验了。不久，他又梦见了刍狗，又来请教周宣，周宣这次告诉他说："你家会发生火灾。"

等到第三个梦又应验了后，这人很惶恐地来找周宣，不解地问："其实我根本没做什么梦，只是随便编的，想试试你的才能罢了！但为什么你却能告诉我三种不同的解释，而且竟然都应验了呢？"

周宣笑说："一个人说话时，看他的表情就可以知道他的心意，由他的心意就可以预卜他的吉凶。再说，刍狗这种东西，是用来祭神的，表示送狗肉给神吃。所以你第一次说梦到刍狗时，我就推测你可以有一顿大餐吃；而祭祀过后，刍狗就必须被扔在车轮下，让车子碾过它，表示它已被割碎殉葬了，所以你第二次说梦到刍狗时，我就推测你一定会从车上跌下来，脚踝受伤。刍狗在被车子碾过，殉葬完毕，就是无用之物了，会被拿去当柴烧，所以你第三次说又梦见刍狗时，我就猜想你会有回禄之灾了！"

这个故事的真实性也许值得怀疑，但它说明了"一个梦可以有数种不同的解释"，不仅中国人有这种观念，印度人、阿拉伯人、犹太人等也都有这种观念。有些是认为同样的梦境在不同的季节有不同的解释，有些则认为需随做梦者的阶级、性别、年龄或气质来做不同的解释。某人于某夜所做的某一个梦，若给不同的释梦者解析，也会有不同的解释。有一位犹太教师做了一个梦，先后请教二十四位释梦者，结果每一个人的解释都不一样，但他觉得每一种解释都是对的。

弗洛伊德的"樱草花"之梦

现代的释梦专家，如弗洛伊德、荣格、霍尔、弗洛姆等人，虽然都各有一套可以自圆其说的梦理论，但因每个人的理论不同，因此对同一个梦也很可能产生不同的解释。如果说梦是一件"心灵作品"的话，那么释梦就好像是对这件艺术作品的"评论"。释梦的工作就像文学批评，影评和艺术评论一样，基本上是一种"社会文化活动"，我们没有办法说谁是对的、谁是错的，但不同的解析、不同的评论却可以丰富我们心灵的样貌，增加认识自我的机会。

下面我们就先以弗洛伊德自己所做的一个梦为例。在《梦的解析》里，弗氏提到他如下的一个梦：

"我写了一本关于某种植物的专论，这本书就放在我面前，我翻阅到书中一页折皱的彩色图片，有一片已脱水的植物标本，就像植物标本收藏簿里的一样，附夹在这一册里头。"弗洛伊德为这个很简单的梦找到了下面的材料与来源：

1. 做梦的当天早上，他在书店的橱窗里看到一本名为《樱草属》的植物专书。

2. 樱草花是他（弗洛伊德）太太最喜欢的花，他对现在很少记得带花回去送给太太感到遗憾。

3. 他写过一本植物学的专著，所谈的是古柯植物的研究报告，当时他曾预测古柯所含的类碱，将来可能用在麻醉一途上。但可惜因为他忙着和太太的婚事而没有继续研究下去。而这篇研究报告引起了科勒（K.Koller）的兴趣，以致科勒发现到其所含古柯碱（可卡因）的麻醉作用，科勒因此声名大噪。弗洛伊德对此事也深为遗憾。

4. 做梦前几天，他收到一份叫《纪念刊》的刊物，刊物中将古柯碱的发现归功于科勒。做梦前一天晚上，他和这本刊物的编者之一见过面，他曾礼貌地称赞了几句编者太太的花容月貌。

5. "一片已脱水的植物标本"及"植物标本收藏簿"使弗洛伊德联想起高中时候做植物标本的往事，他对植物学一向就不太喜欢，考试差点过不了关。校长分给他"植物标本采集"的工作分量很少，似乎认为弗洛伊德对此事帮不了什么忙。

6 "这本书（专论）就放在我面前"使他想起昨天有一个柏林朋友来信说："我一直盼望你所写的《梦的解析》一书能早日问世，仿佛间就好像你已大功告成，而那本大作就摆在我面前让我逐页翻阅着。"弗洛伊德内心一直盼望着自己的"专论"能早日完成，而放在自己的面前。

7. "那折皱的彩色图片"使他想起自己还是医科学生时，订阅了一大堆医学期刊，里头所含的彩色图片，他很喜欢，他一直以这种治学的精致而自傲，而当他自己开始写书时，也希望能讲究插图和印刷。

弗洛伊德与弗洛姆的不同解释

弗洛伊德在铺列了这么多"背景资料"后，加以演绎，他这个看似轻松平常的梦就显出了如下的意义：我一向是个工作勤奋、治学严谨的好学生，我写过一本有关古柯植物的专论，但由于对某些问题的忽视（譬如植物学、植物标本的采集），使我无法在年轻时获得成就，结果成就归于别人。我看见书店橱窗里《樱草属》的植物专书，想起错失一项重大发现的机会，是自己的忽视，也是太太的问题。（注：弗洛伊德曾说："我之所以未能少年成名，完全是因为我太太的关系。"）这些心思交织在一起，编入梦中，似在告诉自己说："我确曾发表过（有关古柯碱）有价值的研究报告，只要不再错失机会，我一定能发表更具价值的学术专论。"

弗洛姆在《论弗洛伊德》一书里，讨论弗洛伊德和女人的关系时，也特别提到这个梦，但他解析的方向和弗氏本人完全不同。弗洛姆说，弗洛伊德对这个梦最先想到的是"樱草花"，但很快就从"花"转移到古柯植物——他个人的学术野心上去，对自己因为婚事而放弃学术研究一事不无抱憾。

其实，梦的意思很明显（只是弗洛伊德本身没有看清楚这一点），"已脱水的植物标本"才是梦的焦点。弗洛伊德的太太很喜欢樱草花，但弗氏现在已很少买花送给他太太，"花"代表"爱情"——这是它最普遍的象征，在梦中，弗洛伊德在他的学术专论里看到的是"一片已脱水的植物标本"，象征着他把爱情"脱水"，当做干燥的标本来研究。

白天看到《樱草属》这本植物专论，使他对现在很少送"樱草花"给太太，以表达他对太太的爱而深感歉疚，但在夜里的梦中，他却为自己辩护说，他需把爱情当作"科学研究的对象"，像"一片已脱水的植物标本"般。

这两种解释，并不互相冲突，它们都是弗洛伊德现实生活相当真实的写照。弗洛伊德治学严谨、工作勤奋，对学术研究怀抱着莫大的雄心与信心。他在科学知识上的兴趣也远远超过他在情欲上的兴趣，只是弗氏对后者往往视而不见，察而不觉。弗洛姆对这个梦的解析可谓"一语点醒梦中人"。

荣格的"地窖骷髅"之梦

接下来我们再以荣格自己所做的一个梦为例，荣格在其自传式的《回忆、梦与思考》一书里提到，一九〇九年，他和弗洛伊德联袂到美国做精神分析的巡回演讲，两人天天在船上见面，每天都花相当长的时间来分析彼此所做的梦。有一天早上，荣格说他昨夜做了一个他认为相当重要的梦：

"我梦见我在一间不认识的屋子里，它是二层的楼房，是'我的房子'。我发现自己正在二楼，里面摆设着洛可可风的精致古老家具，墙上则悬挂着几幅珍贵的古画。我奇怪这怎么会是我的房子呢，不过心想'这倒也不坏'。此时，我才想起不知道楼下是什么模样，于是走下楼梯，来到一楼。一楼的陈设比二楼更加古老，我觉得房子这一部分的时间可追溯到十五或十六世纪，家具都是中古世纪的，地板也用红砖铺成，每个地方看起来都相当暗，我从一个房间走到另一个房间，心想：'现在我一定要探测整栋房子。'于是我走向一道厚重的门，打开它，发现有一段石板阶梯通往地窖。我走下阶梯，发现自己置身在一个看起来非常古老、美丽的拱形房间里。我查看墙壁，发现在看似平常的石板间有层层的砖块，而在灰泥间也有红砖的碎片。当我看到这些，立刻知道这道墙壁可以追溯到罗马时代。我的兴致此时变得非常强烈，于是更仔细地查看地板。它是用石板砌成的，在一块石板上，我发现了一个圆环，拉动它，石板就举起来，我又看到一道狭窄的石阶通向更底层。于是我又沿阶而下，进入一个由岩壁穿凿而成的低矮洞穴中。地上积着厚重的灰尘，灰尘中散布着骨骸及破碎的陶器，像是一个原始文化的遗迹。我发现其中有两个人类的颅骨，显得非常古老，而且已经半解体了。就在这个时候，我醒了过来。"

两位大师的不同解释

对于这个梦，荣格并未像前面弗洛伊德般，找出那么多的材料与来源（这与他的梦理论相关）。而弗洛伊德对这个梦最感兴趣的是"两个人类的颅骨"，他一直追问荣格那两个颅骨让他想起什么？想到谁？荣格知道佛氏欲将此梦导向何处——隐藏的死亡愿望。"我渴望什么人死掉吗？"荣格对这种解释产生强烈的抗拒感，他觉得这个梦另有含意，但当时他对自己的判断不太有信心，而且想听听弗洛伊德的意见，多多向他学习，于是顺从其意地说："是我太太和我小姨子。"

弗洛伊德的解释是：在荣格的潜意识里，希望他太太和小姨子死亡！

其实，荣格对那两个颅骨的"指名"，纯粹是一个善意的谎言。当时他刚新婚不久，自己相当清楚不可能对太太和小姨子有什么"隐藏的死亡愿望"。但弗洛伊德还是照他那精神分析的教条，做了上述的解释，荣格觉得自己和弗洛伊德之间存在一道鸿沟，弗洛伊德忽视了他所看重的某些东西。不过在当时，荣格还不敢公然地对弗洛伊德的梦理论提出质疑，直到后来他和弗洛伊德正式决裂后，他才对上述那个梦提出自己的看法：

荣格认为此梦的重点在于向下延伸的台阶，通往地窖的台阶象征通往潜意识（好似心灵的地下室）的路，每一台阶都代表过去的一段历史。起先，是个人过去的历史，也就是"个体潜意识"的范畴，但越深入，则个人的经验越少，而代之以越多的人类共同经验，也就是"集体潜意识"的范畴。在积满灰尘的最底层，那两个似乎自洪荒时代遗留下来的人类颅骨，象征他心灵的最原始本质，是他来自祖先的"精神遗产"，他的意识完全无法觉知到这些，但它仍是构成其人格的基本要素。

一个梦，三种解释

弗洛姆在《被遗忘的语言》一书里，曾提到一位男士的梦：

"我正走入一间庄严肃穆的房屋。它叫作内心宁静或自我集中之家，背景上有许多燃烧的蜡烛，排列成四个金字塔般的三角形状。一位老人站在房子的入口处。许多人走进来，他们一言不发，都静静地站立着，以便集中精神思考问题。门口的那个老人告诉我有关这房子访客的事情。他说：'当他们离去时，他们是纯洁无瑕的。'

"我现在已进入房内，我也能集中精神思考问题。一个声音说：'你正在做的事是危险的。宗教不是你为了去掉女人的形象而付的税金，因为这形象是不可缺少的。咒骂那些利用宗教作为心灵生活另一面的替代物的人吧！他们犯了很大的错误，他们将会获得报应。宗教不是替代品，而是加诸灵魂的每一行动的终极实践。从生命的充实里，你会在你的内心产生一种属于你自己的宗教，而且唯有如此，你才能得救。'伴同这最后句子的是一段逐渐清晰可闻的微弱旋律，钢琴正演奏着简单的音调，使我想起瓦格纳的《火焰奇迹》。当我离开那座房屋时，我看见了燃烧的山的幻象，我内心感觉这无法熄灭的火，一定是神圣的火。"

其实这位男士是荣格的病人，他早年接受天主教的教育，但后来却背叛了天主教。弗洛姆举这个梦例，主要是想告诉我们，对梦的解析不能"蔽于一枝"。

荣格从"宗教信仰"的观点来解释这个梦，表面上看来，这的确也是个"宗教梦"。荣格认为，梦中"不可熄灭的神圣之火"是上帝的象征，"房子入口处的老人"是引导生命的智慧老人的象征，"一个声音"是梦者的潜意识，"女人形象"是梦者潜意识中的"内我"，"心灵生活的另一面"则是潜意识中的"暗影"。病人在梦中思考宗教的问题，他的潜意识（内我与暗影）是不赞成或反对天主教的，但另一方面，因为在现实生活中受挫，使他又想恢复过去的宗教信仰，希望从那里获得可以帮助他的东西。这个梦表示病人对"内心宁静"的渴求，以及想回归天主教这种宗教信仰时的内心冲突。

但这个梦若落到弗洛伊德的手中，可能就会改弦易辙，从"性"的观点来解释它。梦中的"房子"是女性性器的象征，"燃烧的蜡烛"是男性性器的象征，梦者"进入房内"意味着性交，而想"去掉的女人形象"是母亲，"房子入口处的老人"则是父亲。从这个角度来看，梦中浮现的是"童年时期的乱伦欲望"，虽然一个"声音"（心理警察）警告他"你正在做的事是危险的"，但梦者在离开房子后，仍感受到那"无法熄灭的火"——爱欲之火。

如果说荣格的解释是"唯灵"的，那么弗洛伊德的解释则属"唯肉"的。但不管是"唯灵"或"唯肉"，都是"蔽于一枝"，而弗洛姆对这个梦的解释是既有"灵"，又有"肉"。他综合荣格和弗洛伊德的说法，认为这个梦代表的是"权威宗教"与"世俗享乐"间的冲突，病人在梦中思考宗教的问题没错，但也想到爱欲的问题。他反对宗教扼杀作为爱欲之火化身的"女人形象"，永不熄灭的爱欲之火是"神圣"的，但天主教却将它视为罪恶，这是他所无法忍受的。

释梦就像文学评论

每一个梦都可以有几种不同的解释，就像每一个神话或每一部文学作品都可以有几种不同的含义。从以上三个梦例可以看出，解释的不同主要来自对梦中象征语言的认定上，但这种"认定"是没有什么对错之分的。不过，也许并非"面面俱到"的解释（像弗洛姆对第三个梦的解释）就是"最好的"解释。释梦就跟文学评论一样，具有独特观点的解释，通常有它的盲点，而看似没有盲点的解释，通常也缺乏独特的观点。

但对同一个梦，多听几种不同的解释，总是有益无害的。在这些不同的解释中，一般人常倾向于选择最能打动自己心坎、对自己最具启示作用的解释，这是人之常情。但从潜意识的理论来看，那些让我们心生嫌恶、抗拒的解释，我们可能更需要多看几眼，因为它也许才是我们的潜意识之声。

第十五章

一夜数梦的系列解析

梦的系列解析法

伟大的法国小说家普鲁斯特（M.Proust）曾说，对同一个作者，我们只有在阅读他的几本著作后，才能发现他的特点和本质。这句话对梦来说也相当适用，单靠一个梦，我们很难下什么断言，只有在研究做梦者所做的数个梦后，我们才能为做梦者的心灵演剧描绘出较正确的轮廓。自古以来很多"释梦者"（包括弗洛伊德在内）往往单靠一个梦就管窥蠡测，"推演"出一大堆道理来，结果有时候就像"瞎子摸象"，因为光靠"摸一把"往往摸不出什么名堂。

分析同一个人所做的一系列梦，好比做"拼图游戏"，将这个梦和那个梦互相比较，尝试各种不同的解释（像拼图的组合般），直到所有的梦连成一气，做梦者的"心灵面貌"自然会清晰地浮现。这种方法叫作"梦系列的解析法"，它除了可避免"瞎子摸象"外，还有一个好处是，在这一系列的梦中，总有几个是浅显易解的，梦的内容直接透露了它的含义，我们可以从这些梦着手，找到进入做梦者心灵的最方便入口，然后再一步步去分析其他较难解的梦。

就时段来说，梦的"连续剧"有两大类：第一类是在同一个晚上所做的数个梦，第二类是在较长的时间内（几天、几个月甚至几年），涉及同一主题的数个梦。本章将先介绍第一类。

正常人一个晚上会做四到六个梦，但几乎没有一个人在第二天早上醒来后，能按照其先后顺序记住这些梦，我们多半只记得醒来前所做的那个梦而已。如果一个人在同一天晚上会做四到六个梦，那么这几个梦是像连续剧般，一个接一个有情节的连续性呢？还是主题相同，但情节独立的单元剧？或只是一些风马牛不相及的、乱七八糟的单元剧？在自然的情况下，我们只能依做梦者的"记忆"尽量描述，然后再加以分析。在非自然的情况下，我们可以将人带到实验室中，利用仪器探知他在漫漫长夜中何时正在做梦，并及时叫醒他，要他立刻描述他刚刚所做的梦，然后再入睡。这样我们就能完整地收集他在同一天晚上所做的梦，分析、比较这些梦的内容，即可知道它们之间有无关系。

某少女的一夜三梦

基明斯（C.W.Kimmins）曾报道一个十二岁少女在同一天晚上所做的三个梦，这位少女会记得这几个梦，可能是因为她在做第二个梦时，曾从床上掉下来，醒后又入睡的关系。

第一个梦："开始时，我梦见我在隔壁的屋子里，一群看起来很恐怖的男人在追赶我，当他们抓住我时，说要将我杀掉，结果我被丢放在两头狮子之间。大约十分钟后，一股巨浪突然涌向马路，将我淹没。然后我听到有人在鼓掌，原来是我在全校师生面前高歌一曲完毕。"

第二个梦："我梦见我正在自己的床上，有一只狮子伏在床下，而在碗柜里则有一个可怕的鬼。我听到他走来走去，然后跑出碗柜，开始追赶我。我骑着一辆脚踏车绕着床铺跑，而鬼则紧跟在我后面。后来，我发出尖叫声，从窗口跃出。就在这个时候，我从梦中醒来，发现自己跌到床下。"

第三个梦："我又回到床上睡觉，这次梦见爸爸和妈妈变成了卷心菜，我用它们来准备晚餐，当我正想将它们放进炖锅里时，它们又恢复了人形，并问我是否喜欢我们正在搭乘的飞机，于是我发现自己正在一架飞机里。我高兴地驾驶着它，但突然之间，飞机消失了，我变成在海中游泳。当我醒来时，天已大亮，就不再做梦了。"

这三个梦虽非此一十二岁少女某夜的全部梦境，但从这三个梦中，我们却可看出同样的主题——"惊惧"，在第一和第二个梦中，她被陌生的男人和鬼追赶，而在第三个梦中，能够保护她的父母却变成了卷心菜。这三个梦，其实可以说都带有"梦魇"的色彩，特别是第二个梦，她更是吓得从梦中惊醒过来。

在梦的素材上，也有某种延续性，譬如第一个梦中的狮子和被追赶的情节，重复出现在第二个梦中。而第一个梦中的"被海浪淹没"，与第三个梦中的"在海中游泳"似乎也有互通的地方。

十二岁的少女，正处于身心急速成长的阶段，她一方面开始对外界充满憧憬，但也怀有恐惧；另一方面想摆脱父母寻求独立，但又必须依赖他们。将这三个梦合而观之，我们对一个十二岁少女的心境才能有较完整地掌握，最少比单看其中一个梦要来得深广。在第六章，我们曾介绍哲学家笛卡尔在同一个晚上所做的三个梦，那三个梦也有类似的主题——"理性与感性的冲突"。

某男士的一夜五梦

但要获得一个人在同一晚所做的全部的梦，还是要仰赖第二种方法，也就是用仪器探知，在他做完一个梦后就叫醒他。德门特和沃尔珀特（E.Wolpert）即利用这种方法收集了八个受测者在三十个晚上，每晚所做的四个以上的梦，下面是一位正常男性在同一天晚上所做的五个梦（依先后顺序）：

第一个梦："我们正在游泳、戏耍。在游泳池边的每一个人都穿着泳衣，大家都赞美我的身体。我们在池边赛跑，赛跑后，我跳进水里，游到游泳池的另一端，我悠闲地游着，但速度却出奇得快。当我爬上岸时，发现池边坐着一个让我看不顺眼的家伙，我不得不承认他仅着泳裤的身体综合了在池边摇腿摆臀者的所有优点，但他摆出一副自鸣得意的样子，而且身上还擦了油。我担心我的朋友——可能是男的，也可能是女的，会被这个家伙所吸引。但因为某种原因，我的脑中一片空白没有应有的害怕。我似乎能够变形，一下子变成肌肉结实无比的希腊男神。我不停地潜水，我的游泳裤几乎脱落，看起来像穿着一件亮白的游泳裤。然后我们都等着看电视节目，铃声响完后，× 小姐（好莱坞有名的女明星）就会出现在屏幕上。"

第二个梦："A 和 B（两位好莱坞知名的演艺人员）躺在房间里的一张床上，我显然是和他们一道的。房间的门突然打开，B……不是 A……立刻开枪，不停地打，门上的镶框掉下来，整个门都垮了。然后一个半透明的人走进来说：'我是布兰克先生（Blank，意为前梦中的"空白"），我要那些计划。'他走向 A，将手套在他脖子上，开始捏紧。这看起来有点不可思议，因为他无影无形，但 A 似乎能感觉到他的紧捏。我们三个人立刻也去捏他的脖子，突然间，他现出了形体，我开始痛殴他，他被我击倒了，可怜的家伙。然后我记得铃声响时，我以胜利者的姿态站在那里。"

第三个梦："我梦见我要进入一个房间，但却没有钥匙。我走上该栋建筑物，发现查理正站在那里，我想从窗户爬进去，查理则站在门边，他给我两个三明治，是红色的——看起来像是加拿大熏肉，但他自己的则是煮熟的火腿。我不知道他为什么把较差的三明治给我。后来，我们进入房间，但好像走错了地方，房间里似乎在举行某种宴会，我在心里想如果必须的话，我应如何火速离开这个地方。我闻到甘油三酯的味道，但不太记得了，最后记得的一件事是有人投了一个棒球过来。"

第四个梦："我正和婶婶谈论如何与第二次世界大战时留

下来的地下组织联络的问题，她告诉我一些我不知道的地下组织，我们在屋子周围边走边谈，我还边逗着狗玩，婶婶问我工作的情形如何。最后，晚餐的时间似乎到了，我知道母亲在我和婶婶谈话时一直在准备晚餐，我问母亲有关地下组织的事情，当我在等着她告诉我们第二次世界大战的地下组织是什么时，我说：'你不觉得我们可以解决这些问题吗？'然后铃声消失了。"

第五个梦："这个梦和演讲有关，它是一场与经济有关的演讲，我正坐着看 Z 教授以一种怪异的方式在演讲，所有的学生都坐在演讲厅一条长桌的后面，Z 教授则站在中央一张小桌子上面演讲。突然之间，台下爆发一场激烈的争吵，Z 教授的演讲和台下的争吵同时进行着，克劳德和某人在台下激辩。然后，我醒过来了。"

共通的主题——冲突与暴力

即使我们不知道做梦者是何人，他有什么生活经验，在做这几个梦的前一天有什么特别的遭遇，单从这五个梦的内容来看，也可以知道这些内容不同的梦有一个共通的主题——"冲突与暴力"。

在第一和第二个梦中，有同样的情节安排，梦者都梦见自己在体能上胜过另一个男敌手。这种胜利都和突然的"变形"有关，在第一个梦中，梦者变成身强力壮的希腊天神，在第二个梦中，则是透明的布兰克先生突然现出形体，而被梦者击倒。主题虽然不变，但场景却极不相同，一个发生在游泳池边，另一个则发生在卧室内，而且只有在第二个梦中，冲突才真正演变为实际的身体暴力。

在第三个梦中，朋友只给他"较差"的三明治，象征朋友对他隐含的"敌意"。在梦的后半段，他闻到"甘油三酯"的味道，"某人"投了一个棒球过来，以及思索自己需如何快速逃离等问题，似乎显示梦者在要醒来前，内在控制的瓦解，而以较明显的方式来表达他的暴力冲动。

在第四个梦中，暴力冲动被转移成"第二次世界大战"及"地下组织"，但他在梦中问母亲说："你不觉得我们可以解决这些问题吗？"似乎在暗指最近才发生的某种冲突。

在第五个梦中，暴力冲突变成"口头"的形式，而且是由另一个人所挑起，梦者只坐在远方观看。

主题延续性的疑问

从这五个先后发生的梦中，我们可以发现，梦者的冲突与暴力在第二个梦中达到最高点，爆发为肉体的攻击，在第三个梦中，没有完全成功地表达出来，但在最后两个梦中，又变成口头的攻击形式。

这五个梦不仅在"主题"（或者梦的"隐意"）上有类似性、延续性，而且在一些小节上也有延续性。譬如第一个梦中的"一片空白"及好莱坞女明星，延续到第二个梦中成为"布兰克先生"（意为"空白"）及两个好莱坞的演艺人员。但这种主题的类似性与情节的延续性可能需做特别的考虑，因为在睡眠实验室所做的梦和在家里一觉睡到天亮所做的梦可能不同。

在睡眠实验室，为了让睡者回忆刚刚所做的梦，必须在脑电图仪等显示睡者在做梦后不久就叫醒他，要他口头描述（录音）刚刚所做的梦的内容。这种回忆和描述就成为"残留经验"，可能成为他等一下又入睡后再度做梦的"素材"，因此，可能增加主题上的类似性及情节上的延续性。但也有一种可能是，在自然睡眠中，一个晚上先后发生的梦若彼此相关，具有连续性，则在中途一再叫醒睡者，打扰他的睡眠，可能会降低它们的连续性。但从这些被打扰的梦中已可看出如上述的类似性与连续性，那么在自然的睡眠中，同一个晚上所做的梦应该更有主题的类似性与连续性才对。

同样的梦思，不同的梦境

大体来说，我们在同一个晚上所做的四到六个梦，梦的内容尽管不同，但却可能具有同样的"梦思"（或称梦的隐意、梦的主题），它们好像用不同的题材来描述同一个愿望或心理冲突，开始时是模糊的，但越来越明显，当愿望达成后，在接下来的梦中它又变得隐晦而呈一种起伏状态。

在自然的睡眠中，我们不可能记住所有的梦，我们所记得的通常是较特别、多姿多彩的梦，就好像在清醒的生活里，我们通常也只记得较特别、多姿多彩的生活经验。虽然只记得一或两个梦，但它已包含了我们当夜主要的梦思。

第十六章

心灵组曲——梦的连续剧

要记住一个晚上所做的全部梦境也许不容易，但要记住一段时期内十几个栩栩如生的梦，却也不是什么困难的事。"梦系列解析法"所处理的其实都是这种"梦系列"。霍尔在他的"梦研究所"收集了不少正常人的一系列梦境，下面我们就以一个十八岁男孩和一个五十五岁妇人所做的两个"梦系列"来做介绍。

十八岁少男的爱情初梦

这个十八岁的男孩子正在谈恋爱，他恨不得和女友立刻结婚，但经济尚未独立，暂时还无法实现他的美梦。在白天的清醒生活里，他经常想起他的女友，回味他们在一起的快乐时光，想像将来婚后的甜蜜生活。"日有所思，夜有所梦"，女友经常出现在他的梦乡是预料中的事，而梦中出现其他的女孩子也是可以理解的。从这些梦中，我们可以拼凑出这个男孩对女人及爱情的看法，以及他为什么会有这种看法。

第一个梦："我坐在黄金做成的宝座上，周围都是美丽的女孩子。这些女孩子一直用她们的玉足向我搔痒，我则不停地拨开她们的脚。突然，有一个女孩子站起来走近我。我为她的美貌而惊奇，她弯下身来吻我，我兴奋得全身一阵颤动。我伸出手臂搂住她，将她抱起来。我们共舞了一段时间，我被她的热情迷住了，她是这个世间最美丽的尤物，她走到哪里，我就跟到哪里，她每一次触碰我，我就像触电般全身发抖，我疯狂地渴望着她。然后我们两个人飘浮在云雾中，全身赤裸。我们快乐地交谈，之后又狂舞高歌，我快乐到了极点。我不停地吻她，她也热情地回应我，我们手牵着手摇来摇去。"

显而易见，这是一个单纯的"愿望达成"之梦，但只止于短暂的性接触，不过这并非梦中最重要的讯息，更重要的应该是他在梦中认为他和女孩子是一种什么样的关系。虽然他是坐在黄金宝座上的尊贵者，但却扮演了接受一群女孩子的爱与温情的"被动角色"。女孩子们采取了主动，特别是当一个女孩子上前吻他时，他就跟着她走，而她一触碰他，他就全身兴奋得发抖。

这个梦提出了两个问题：一个是什么原因阻止他进一步发泄他的性冲动？另一个是他是否真的认为在爱情关系里，自己经常是个被动角色，而由女性采取主动？下面这个梦可以为第一个问题提供更多的资料。

爱情基调在梦中慢慢显现

"我正在一条开阔的道路上开车，我的速度很快，脚底猛踩油门，突然间，我看到一个美丽的女孩子站在路边，正等着搭便车。我想将车停下来，但脚却踩不到刹车板。我慌张地低下头找刹车板，但它却消失了。突然间，我的女友出现在我正前方的马路中间，我拼命想停车，说时迟那时快，刹车板又出现在它原来的位置上，于是我即时停了下来。"

在此梦中，高速行驶的汽车可象征做梦者的性活力，而刹车板则可象征他对性冲动的控制。当他看到路边的美丽女孩子时，他似乎无法控制自己，但他的女友即时出现在他的思路里，他克制自己，于是"刹车板又出现在它原来的位置上"。此梦所透露的讯息是他不能让自己背弃他的女友，因为他的道德意识不允许他这样做。当他想放纵自己跟其他女孩子要好时，他的女友就会浮现在他的心田，抑制住他越轨的冲动。

我们也发现，他在此梦中扮演较主动的角色——他正在"开车"，这是否意味着从第一个梦中所获得的"被动角色"印象是错的呢？在下结论前，我们最好再看看第三个梦：

"我梦见我在一个深潭里游泳，我对这个小潭并不熟悉。我把衣服全部脱下来放在潭边，然后开始游泳，当我游完后上岸时，却找不到我的衣服。突然间，我看到一个女孩手上拿着我的衣服，向我招手，要我跟她走。她开始奔跑，我在后面追。后来，她将我的衣服放在一个洞里，然后消失不见了。"

在这个梦里，"脱衣服"可以意指一个人除去他的道德抑制，当他想找回他的衣服时，他发现衣服却在一个女孩子的手上，这个女孩子怂恿他跟她走，结果就像第一个梦，当他跟邀请他的女孩走时，女孩却在满足他的欲望前就消失了。

在下面这个梦（第四个梦）中，诱惑者——女人以一种更明显的象征出现：

"我和我的女友坐在她家的长沙发上，她突然从我的口袋里掏出一把枪，对准我，她求我射杀她，我觉得很惭愧，朝门口跑去，但她又追了过来。我知道她对我的唯一希望就是要我射杀她，于是我扣了扳机，然后开始放声大笑。"

读者不可认为他的女友真要他杀她，或者他想让他的女友死。我们在第三章说到梦中的性象征时，就提过这个梦例。手枪象征做梦者的性器，女孩的要求实际上是表示"和我做爱"。当女孩提出要求时，他感到"惭愧"，正反映出做梦者的情感反应：在杀人前感到"惭愧"是荒谬的，但若是由女孩主动提出性的要求，男孩感到"惭愧"则是合理的反应。这也可以说明他扣扳机后的"放声大笑"。在这个梦中，女孩子再度扮演了主动的角色。

下面是第五个梦："我正站在一个大森林中，来回地走，但找不到回家的路。突然间，我的脚陷入了一个泥沼中，越陷越深。就在千钧一发之际，我的女友出现在我的身边。她抓住我的手，把我拉出来，拯救了我。"

在这个梦中，性被视为"陷入一个泥沼中"，反映做梦者将性视为肮脏而让人恐惧的观念。他的女友与前述几个梦中的"诱惑者"角色不同，变成了"救援者"，但整体上并无矛盾之处，在他的心目中，女人是"强者"，不管是要来拯救他，还是引诱他。

梦中的另一个讯息是——他找不到回家的路，这意味着和女人发生性的牵扯可能会断绝他和家庭的关系，这种焦虑是很多青少年心理成长中常见的痛苦。

从上面这五个梦中，我们对这个"恋爱中的十八岁青年"

的心理状态，有了一个较为清晰的轮廓：他虽然有性的渴望，但在内心深处却认为性是肮脏的，而且可能使他失去家庭的温暖。因此，在梦中他让自己成为一个较被动的角色，成为女人诱惑下的"被害者"，以发泄他的性冲动，并逃避良心的谴责。

更多的梦，透露更多的心事

但要对这位青年的心理状态有更透彻的了解，我们还需看更多的梦。下面这个梦为他在前一个梦中的焦虑提供了另一条线索：

"我正站在一条河的岸边，四周阴暗而可疑，我感到害怕。突然之间，我觉得自己掉进虚空之中，似乎无法静止下来。然后，我跌落到冰冷的水中，我不会游泳，大声喊救命。我听到有人回声，并朝我这边走来。但他却对着我大笑，我看着他，发现他竟然是我以前所厌恶的一位同学。他大笑着，说要让我淹死。我开始尖声叫喊，他则在一边大笑，我觉得我就要淹死了，但他却不愿救我。然后一切逐渐变得模糊，我沉入黑暗之中，觉得透不过气来，我害怕极了，有一股压力猛压着我。我需要别人帮忙，但得到的只是嘲笑。当河水覆盖在我身上时，我什么也看不到。"

在这个梦中，他对男人的概念与前一梦中对女人的概念极为不同，他心目中的男人显然卑鄙而残酷，而女人则是友善且乐于助人的。

如果两性同时出现在梦中，将会是什么情景呢？答案可能就在下面这个梦中：

"我的女友和我正走过一个看来甚为熟悉的公园，我们愉快地交谈着，但我忽然发现我的女友正在和另一个男人交谈。我不知道他是何时从什么地方冒出来的，我想把女友拉开，但她却说她想一个人走。我开始担心起来，我担心这个家伙会抢走我的女友。于是我捡起一块石头，猛击那个家伙的头部，但他却没有倒下去，我一直猛打，而他还是好端端地站着。忽然我的女友将我推开，和那个家伙一道走了。"

在这个梦中，他是一个没有用的男人。他的攻击丝毫没有作用，且把女友"输"给了一个比他更强壮、更合适的男人。他的恐惧是不是害怕自己会变成一个无能的男人？无法和其他男人竞争？要下这个断言之前，我们最好再多看一些梦。下面这组梦对他内心的症结所在有更清楚的呈现：

第八个梦："我和女友坐在她家前厅的沙发上，女友的父亲从外面走进来。他看着我，轻蔑地笑了笑，他从口袋里拿出一支烟斗，把烟灰往我身上倒。我愤慨地喊叫，但他却只是笑。然后用力踩我的帽子，笑得更大声。"

这个梦很清楚地呈现了这位青年对他未来岳父的概念（观点），被洒烟灰和踩帽子是极为丢脸的事，因为烟灰通常象征"尿液"，而戴在头上的帽子则象征男性的性器官。在某些宗教仪式里，将烟灰洒在一个人的头上，是贬抑的象征。

但当他受到贬抑时，他只是像婴儿般"愤慨地喊叫"，而不是像一个男人般起来防卫自己。女友父亲的鄙夷和嘲弄就像第六个梦中昔日同学的举动一样，反映出做梦者"柔弱"的自我概念。

不过，这种柔弱的自我概念并非一成不变，他偶尔也会做一些成功反击敌人的梦。譬如下面这第九个梦：

"有一天晚上，我和女友在公园里散步。我们坐在一条长椅上，当我们正拥吻时，女友的父亲突然出现，他拿出一把手枪威胁我，要我的女友回家去。我们拒绝了，他不停咒骂，我捡起一块石头击中了他，他倒了下去，我和女友赶快跑开。"

在这个梦中，他成功地击退了要夺走女友的女友父亲。现在我们终于看清了他害怕女友父亲的原因，他的恐惧来自女友父亲不让他和其女儿做爱的想法，不管女友的父亲是否真的有这种想法，重要的是这位青年在梦中认为女友的父亲是这样想的，而这种想法使得他在梦中害怕女友的父亲。

下面这个梦也有类似的主题：

"我梦见我和女友在公园里散步，她紧紧抓住我的手不让我走。她将我拉进矮树丛中开始吻我，我被吻得透不过气来。然后我女友的父亲突然以鱼的形貌出现，开始咬我，我失声尖叫，女友则困惑地跑开了。"

在这个梦中，他又恢复到只会"失声尖叫"的婴儿角色，而女友则像最前面几个梦般，扮演着主动的角色。而下面这个梦，女友更挺身保护他免于受到她父亲的谋杀：

"我和女友坐在一辆汽车内，车由女友的父亲驾驶着。当车子驶近一座桥边时，突然停了下来。我们下车向桥走去，望着桥下的一片汪洋。女友的父亲掏出手枪要我跳下海。我的女友向她父亲哀求，但没有用。女友于是跟在我后头跑。她父亲开枪，中枪的女友倒在我的怀抱中。"

看了前述这十一个梦，我们对做梦者心中的女人概念总算有了一个较清晰的轮廓：女人不仅在做爱中要扮演主动而果敢的角色，同时也要保护像他这样可怜、无助的男人，免予受到更强壮男人的攻击。她一方面像引诱他的娼妓，一方面又像保护他的母亲，这种对女人的双重概念，在男人中并非少见。

受到男性权威的阻挠与惩罚

他（在梦中）认为女友的父亲恨他，因为他就要抢走他心爱的女儿。下面这个梦透露出更多的蛛丝马迹：

"我发现自己正拼命地跑，想逃离某种东西。我是在我女友家中的庭院里，我跑得越快，就越觉得有人在后面追我。但每次我转过头去，却什么人也没有。不过我确信有人在追我，然后我听到某人的吆喝声，我女友的父亲叫我不要踩踏他的草坪。"

他想逃离的是他心中的罪恶感，因为他要偷走另一个男人心爱的女人。"草坪"在这里有女性的象征意义，但它却属于女友父亲所有。

他对女友父亲的焦虑感可能与早先对自己父亲的概念有关。他的父亲出现在下面这个梦中：

"我梦见有一天晚上，我从附近的杂货店偷了一个苹果，但被抓到了。杂货店老板把我带到我家，告诉父亲，我的行径像个贼。父亲将我带进他的书房，强迫我吃下家里所有的苹果。我说不出话来，我的嘴里塞满了苹果。我开始哭，父亲则拿起一个苹果向我掷来。"

在这个梦中，他的父亲就像前几个梦中的女友父亲及同学一样，是粗暴而残酷的角色。苹果是爱的象征，偷苹果意指他正从某人手中偷走其所爱。在前几个梦中，他是从女友父亲手中偷走女友的爱，而在这个梦中，他要偷的是谁的爱呢？一个合理的推测是苹果象征他母亲的爱，所以父亲才会如此愤怒，而对他施以处罚。

下面这个梦使我们越来越逼近做梦者内心的症结所在：

"我梦见我看到一个人爬进一家商店的窗户，我认为他是小偷，于是跑过去追他。我抓到了他，经过一番搏斗，我终于把他带到警察局。但那小偷说他是那家商店的主人，他证明了他的身份，警察告诉我，是我搞错了，我无法再面对那个男人，他不停地大笑，我哭着跑开了。"

一个被误认为是贼的男人，事实上是商店的真正主人。如果商店象征母亲的话，那么这个梦就是在向做梦者表示，母亲是属于父亲的，他（父亲）随时可以拥有她。爬进窗户是性交的象征，因此这个梦有更特殊的含意，我们可以把它"翻译"成下面这段话："我的父亲可以随时在性方面拥有我的母亲，但如果我想这样做，就会受到严厉的惩罚。"

在解析了上面那个梦后，再来看下面这个"用球击破窗户"的梦，就能更清楚地了解其含意：

"我在一块空地上玩棒球，我用力挥棒击中了球，但球却打破了窗户。我想跑开，但两腿却无法移动，好像被黏在原地般。窗户玻璃的主人走了过来，我觉得很惶恐，那个人竟然是我以前不喜欢的一位高中老师。他戴上眼镜，鄙夷地笑着。他拿起我的球棒用力打我，我昏了过去。"

代表权威的老师，夺走了他男性气概的象征——球棒，然后又用球棒来处罚他。击破窗户玻璃和前一个梦中的爬进窗户，同样是性行为的象征。换句话说，梦者因为表达了他的性欲望而受到了权威的处罚。

下面这个梦，梦者对残酷的男性及保护他的女性的形象有极为生动的投影：

"我正坐在牙医的治疗椅上，牙医准备给我打麻醉。我尖叫抵抗着，但我觉得麻醉药开始发生作用了，我的身体变僵硬了，脑里响起了嗡嗡的声音。突然间，我发现我坐在一架飞机里，一位护士坐在我旁边，愉快地握着我的手。现在我不再听到那嗡嗡声了，护士小姐开始高兴地唱歌，我注意听着。我发现牙医正驾驶着飞机，他异常高大。他转过身来看着我，我失声惊叫，护士停止了唱歌。牙医朝我这边走来，我想跑但却像被黏在原地般动弹不得。他越来越靠近，突然间，我醒了过来。"

一部"俄狄浦斯情结"的连续剧

上面所举的这十六个梦，并非是依照做梦时间的先后顺序排列的，而是像"拼图游戏"般，为了"解题"的方便，而将这位青年在十八岁时所做的梦挑选一些出来，重新加以排列，使它们看起来更像小说每章的章节名，或者一部连续剧的戏码。那么这位十八岁的青年在这部"心灵连续剧"中所要表达的是什么呢？

霍尔的解释（霍尔的梦理论主要承袭自弗洛伊德）是：这位青年心中的基本冲突是渴望拥有一个女人，而又害怕另一个男人报复。这种"三角关系"在梦中以做梦者、他的女友及女友的父亲三个人来代表。他正在谈恋爱，热恋中的女友及其父亲出现在梦中，可能是"日有所思，夜有所梦"，但梦中的"三角关系"与现实生活颇有出入，看起来更像做梦者早年与其父母关系的投射。女友身边有一个比他（梦者）更为强壮的男人（女友的父亲），使他潜意识中的"俄狄浦斯情结"整个"翻腾"起来，而在梦中重新排演。女友主动而果敢地奉献出令他"喘不过气来"的爱，同时挺身保护他，使他免于受到另一个男人的伤害。女友其实是昔日母亲的化身。或者说，他渴望今日的女友能像昔日母亲般爱他、保护他。但她却属于另一个更强壮的男人——父亲，他无法与之对抗，且心中充满了罪恶感。

从这些梦中，我们可以看出，这位青年昔日的"俄狄浦斯情结"可能未获得充分解决，他没有培养出自信与坚强的男性气概。在他的自我概念里，他似乎是一个"无能"而"懦弱"的男人，这也表现在他的梦中——他无力与同样年纪的男性竞争。

一个迟暮妇人的往日情怀

十八岁的青年，犹如初升的旭日，而五十五岁的妇人，却形同将坠的落日。下面就是一个迟暮妇人所做的几个梦，她的心境自然跟前述的青年很不一样。

第一个梦："我梦见我又回到孩童时代，和我最要好的女孩在小径上行走，结果下雨了，雨水流到小河和池塘中。我们弯下身来捡一些小圆石。然后，我们忽然在海边捡贝壳——各式各样的贝壳。然后，景色又变成眼前到处是刚刚孵化出来、黄色羽毛、啾啾乱叫的小鸡。"

这是一个退行性（回到童年）的梦，那经雨水刷洗过的清新树林、闪亮而圆滑的石头，以及刚孵化出来的小鸡，都是"再生"的象征。

下面这个也是重返童年的梦："我梦见我又成为一个小女孩，正在庭院里玩耍。我敬爱的叔叔突然来访，让我们甚为惊喜。他亲吻着我，我可以感觉到他的短须从我脸上拂过，我发现他戴着一副夹鼻眼镜。他拿一张他妻子的照片给我妈妈看，并向妈妈说，这不只是一张照片而已，而是他真正的妻子。我迫不及待地拿我的学校成绩单给他看，因为他以前总是要看我的成绩如何。我突然担心起来，因为我不知道'毕氏定理'（即'勾股定理'），但这种担心很快就过去了，我又变得很快乐。"

这个愉快的童年之梦，因她忘记了几何学中的"毕氏定理"而出现短暂的阴影。大家知道，"毕氏定理"是指在直角三角形中，斜边的平方等于两直角边平方之和。此一关于"三角形"的定理让她感到焦虑，也许表示她在人类的"三角关系"中有着同样的焦虑。叔叔是她所热爱的男人，但叔叔的太太（照片）却无端地介入，她解不开这个"三角习题"，所以忘记了"毕氏定理"，并因此而焦虑不安。童年时代的心理冲突再度出现于老年的梦中。

下面也是一个退行性的梦："我梦见我和要好的女友一起上学，我们边走边谈今天的考试，希望老师不要问太难的问题。当我们到学校后，我的女友被老师问到一个很难的问题，当时我觉得既快乐又悲伤。"

在这个梦中，她使用将难题推给别人的策略，这可能表示她目前也有某些难题，而希望将它推给别人。

愉快回忆里的悲伤阴影

下面这个梦也是对年轻时代的愉快回忆，前两个梦中的焦虑与悲伤在这个梦中会变得更明显："我梦见我又回到十八岁，我们四对情侣在月光下泛舟。午夜之后，夜色变得很暗，湖水冷清而静谧。湖中有个夜莺岛，当我们划近该岛时，听到夜莺在高高的树上唱歌，我们大伙快乐地大叫。突然间，有一条载着四个坏蛋的船接近我们，越来越近，我们都吓坏了，然后船碰在一起，有一个陌生人抓住了我，他说：'跟我们一起走。'我吓得魂不附体。然后，我们的男友和这些陌生男子打斗，而女孩子们则挤成一团，不知道该怎么办才好。"

在这个梦中，陌生人的威胁可能表示当事者的被强暴幻想，因邪恶男人的暴力而屈服，常见于年轻女子的性梦幻中。但对一个迟暮的妇人来说，它可能同时表示青春并非都是美好的，少女也有少女的噩梦，这是回到往日所必须付出的代价。

下面这个梦更可以代表她年华不再时的心境："我正在佛罗里达州的一家旅馆找房间，旅馆的招待带我去看很多房间，但我希望再多看几间，最后他带我去看一间宽敞而舒适的房间。房间有一张很大的床，从窗户可以看到日落的美景。我问招待旅馆会不会很吵。就在这个时候，招待突然消失了，外面的天色转暗，变得绿绿、黑黑、黄黄的。天气很热，一阵冷冽的暴风沙向我袭来，我的眼里满是沙子，而房间里也到处是沙。窗帘和百叶窗都被吹落，房里越来越冷。那张美丽的大床、壁上的图画及灯饰都在房间里旋转，我看到房里有两股浓云，一股冷冽而多沙，另一股则让人觉得温暖。窗外，迷你高尔夫球场的绿色、蓝色及红色灯光在我眼前闪烁，停车场的车子则在暴风沙中摇晃。

"当暴风停止后，招待又出现了，我问他：'这只是一场小暴风吗？'他说不是，然后另一场暴风沙又开始了，这才是真正的大暴风，我发现招待有一头红发，他的脸也被太阳晒得发红。"

梦中的暴风代表什么呢？梦者说那是一种冷冽的暴风沙，她本来在温暖、阳光亮丽的旅馆内，房内有一张美丽的大床，但此一舒适的情景被暴风沙破坏了。此梦的真正含义在："我看到房里有两股浓云，一股冷冽而多沙，另一股则让人觉得温暖。"这两股云代表她两个互相冲突的自我概念：一个自我概念是她是一个阴冷而无感的女人，生命的活力已随着岁月消失。另一个自我概念是她依然是一个温暖、热情的女人，仍能从生命中找到很多快乐。梦中红头发的招待象征她的丈夫，因为她丈夫也是红头发的，他在暴风开始时消失，而在暴风停止后又出现，表示他是生命的象征（她丈夫已过世），但这个梦的结局是悲观的，因为另一场更大的暴风沙又开始了。

担心人生走错了方向

下面则是一个较乐观的梦：二位妇人开着新车从闹区送我回家，我们愉快地聊天，结果驶过了我的家门而不晓得，我发现我们开到一片绿色的原野上，那可能是一个高尔夫球场。眼前的景色突然改变，有一群人骑着马走过来，他们大声嬉闹。虽然空气中有点黄尘，但我还是看得很清楚。我发现自己就在那群人中，也骑着马，而那群人大多数都是男人。"

新车、绿野、骑马的男人、大声嬉闹等表示生命力与生殖力，马在梦中常是不驯性欲的象征，虽然空中有点黄尘，但她还是清楚地看到心中渴望重获青春的景象。

最后这个梦，意义特别深远："我梦见我在旅馆的一个电梯里，电梯的门关着，而且在动，但我担心我按错了电钮。电梯里只有我一个人，因为天气很热，我想要上楼到我的房间换件衣服，但电梯却在往下降，我感到害怕。最后电梯停止了，但门却打不开。在惊惶中，我大声喊叫，猛敲电梯门，但都没人来。时间似乎停止了，我忘了我是在哪里，是上还是下，也不知道该做什么。突然之间，我离开了电梯，置身在青绿如泡沫的波浪中，我想一定会有人来打开电梯门的。波浪越来越高，充塞了我的眼睛和鼻子。我忘了电梯，觉得眼前的波浪就是一切。时间过得很慢，一波接一波而来的海浪让我感到无比清新，我感谢上帝，还好我的体重够，否则真会被海浪带走。我离岸边不远，最后，在一个浪花之后，我看到了远处的海岸，我觉得安全了，也了解到电梯的门终究是会打开的。"

这个梦有很浓厚的象征意义，她想上楼到自己的房间，代表生命的提升与开展，但实际上她却被关在一个狭小的电梯里，而且在往下降，这是她目前生活的写照。她担心自己按错了电钮——人生走错了方向，但一切都已来不及，电梯降到最底层，而且门打不开，象征死亡与埋葬，电梯就是她的棺材。但突然之间，她摆脱了电梯，而置身于大海，大海是生命的源头，也是回归之处。她并没有摆脱死亡的阴影，而只是改变对死亡的看法。

生存与死亡间的搏斗

从这一系列的梦，我们可以看出，这个迟暮妇人心中的冲突是："我不想变老，我想要再回到年轻时代，享受青春的热情与欢乐，但这是不可能的。而且，回到往日，拾回的不只是往日的欢乐，还有往日的悲怆，它们均曾使我伤痛。我是无法再恢复以前的我了，也无法继续前行，得到我想要的东西。"这正是所有人类的悲剧。

岁月不饶人，人总有一天会发现自己已不再年轻，后来，又发现自己已逐渐衰老，最后，终于不得不承认自己就要死了。虽然衰老与死亡是不可避免的，但只要一个人还保有某些生命力，他就会起来对抗死亡，这种生存与死亡间的搏斗是人类的基本冲突之一。此一冲突也许从人类出生时就已开始，但需等到生命走过中点，生存与死亡成为旗鼓相当的敌手，甚至死亡日居上风时，这种冲突才会变得强烈。

生存与死亡间的搏斗，就像人类其他的基本冲突般，并不常在公开场合显露出来，而是深藏在心灵幽暗的底部，甚至当事者本身也难以窥其全貌。但当心灵较表层的部分入睡后，心灵深处阴暗角落里的思想就会以梦的方式呈现。

何妨写一本"梦的日记"

虽然我们所做的梦大部分都在醒来时就已经忘了，但仍有一些记得很清楚。少数人有将他们所做的梦记录下来的习惯，像写日记一样。在霍尔的"梦研究所"，收集一个人较完整的一二十个梦通常要花数个月的时间，但这还算是较短的"梦系列"。有些人记录可稽的梦长达七八百个，有一个人更在五十年中陆陆续续记录了自己所做的三千多个梦。较长的"梦系列"通常是当事者自己经年累月去记录的，他们追踪自己梦境的动机不太一样，有些人是基于科学的好奇，有些人想"自我治疗"，有些人则相信赛马中的幸运号码一定会出现在他的梦中。

霍尔分析这些"梦系列"，发现同一个人尽管做了这么多梦，但很多梦的主题都是一样的。年复一年，即使当事者白天的生活有了相当大的变化，他仍经常梦见同样的主题，这种一致性可能意味着潜意识的不变本质，也可能反映我们人格中难以改变的成分。要想通过梦来了解一个人的心灵，也许要像通过作品来了解作家一样，需要多看几场吧！

第十七章

自由联想下的深度分析

不管是弗洛伊德的精神分析学派，还是荣格的分析心理学派，在对病人进行心理治疗时，解析代表潜意识冲突或潜意识意向的梦境，是必要的项目之一。而心理治疗又多半耗日良久，因此，解析的也不可能只是一个梦，而是一系列的梦。这种解析，由于医生和病人往往都是颇具人文素养的人，在倾心交谈或唇枪舌剑中，其对病人心中块垒乃至人类心灵丘壑的呈现，就像一部文学作品或文学评论般引人入胜。下面，我们就以荣格对某位病人的三个梦所做的解析为例，向大家做个介绍。

"返乡之梦"的心理暗示

我们先介绍病人 A 君的背景及他目前所遭遇的困境。A君四十岁，已婚，过去身心均相当健康，目前是一所知名公立学校的校长，博学而睿智，是专攻冯特心理学（精神分析之前最重要的心理学派）的学者。最近他出现了一些恼人的精神官能症状：经常感到眩晕、心悸、恶心，以及一种说不出来的无力和倦怠感。症状看起来像是"高山症"——当一个生活在平地的人，爬到很高的山上，就容易出现这种症状，在瑞士，这是一种常见的病（A 君是瑞士人）。但 A 君的症状似乎有生理以外的其他因素，否则他也不会来请教荣格了。

荣格问他最近有没有做过什么印象深刻的梦？ A 君说，他做了三个梦。第一个梦是：

"我发现自己在瑞士的一个小村庄里，穿着黑色的长大衣，看起来很严肃，臂弯里夹着几本厚书。一群年轻的男孩子走过来，我认出那是我的小学同学，他们看着我，说：'这个家伙现在不常出现在这里。'"

A 君说梦中出现的"小村庄"是他的故乡。我们要了解这个梦，必须挖掘 A 君的过去。他出身贫寒，父母是非常贫穷的农夫农妇，但 A 君从社会底层靠着自己的力量慢慢向上攀爬，而获得今天这个成就。虽然已年届四十，他心中依然充满野心和希望，想要更上层楼，获得大学的教授职位，就好像一个从平地爬到二千米高处的人，看到前面四千米的高峰，想要再爬上去。但他的潜意识可能已厌倦这种攀爬，甚至觉得已无法再爬得更高了。而意识对此缺乏了解，使他出现了类似"高山症"的症状。

这个"返乡之梦"提醒他目前的心理处境。他穿着黑色长大衣，夹着厚书，表情严肃地出现在童年生长的地方，童年的友伴说他"不常出现在这里"，暗示他忘了自己"来自何处"。将他带回早年生活环境的梦，提醒他应该对目前的成就感到满足，一个人的努力总是有它自然的极限的。

难以首尾兼顾的梦中火车

第二个梦是："我要去参加一个重要的讨论会，我的手上正拿着公事包。但我发现时间已经很紧迫，火车马上就要开了，于是我匆忙地寻找衣服，但帽子却不见了，大衣也放错了地方，我在屋里找来找去，边找边叫：'我的东西在哪里？'最后总算穿戴齐全，我火速离开家门，但却又忘了带公事包，只好再回头，看看表，已经就要来不及了。然后我奔向车站，但路面很软，就好像踩在沼泽上一般，很难移动脚步。我好不容易到了车站，却看到火车刚刚离站。我注意到火车的铁轨是像这样子的（见图）。

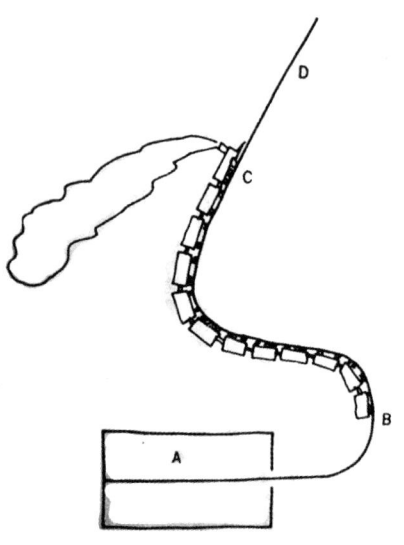

A 先生梦中难以首尾兼顾的火车。

　　我正站在 A 点，火车的车尾在 B 点，而火车头则在 C 点。我看着长长的火车在 S 形的轨道上蜿蜒而行，心想：'如果火车司机驶到了 D 点，他够聪明的话，就不应该加速前进，否则，还在曲线轨道上的后节车厢一定会被抛落到轨道外。'然后，火车头终于驶到了 D 点，司机将蒸汽节流阀开到最大，引擎被拉动，火车开始急速前进。我认为灾难即将发生，火车就要脱轨，于是大声叫喊，就在这个时候，我从梦中惊醒。"

　　前几章说过，"赶不上火车"是常见的典型梦，但这个梦却有更深刻的含义。火车就要开了，A 君为可能赶不上而紧张着，但越紧张就越有着千般阻挠，好像有什么在跟他作对般。这可以说是"潜意识意向"对"意识意向"的抗拒。A君要搭火车去参加重要的讨论会，想更上一层楼，但他的潜意识意向却"不想去"，想留在家里，所以出现了找不到衣服、忘了公事包、路面软如沼泽等障碍，结果使他终于赶不上火车，"潜意识意向"似乎战胜了"意识意向"。

火车应该是直线前进，但梦中的铁轨却呈 S 形的曲线，A君担心司机在驶到 D 点时，看到前面非常平直，就加足马力前进，只顾"车头"而不顾"车尾"，将酿成脱轨的惨剧。这可以说是 A 君的潜意识对他的意识所提出的警告：若只专注于"满脑子"的理想、抱负，而不考虑拖在意识后面，个人长长的"历史尾巴"，硬是"加足马力直线前进"，则自己的人生也势必脱轨。

所谓个人的"历史尾巴"，指的是包括个人家庭背景、生活经验、成长痕迹等的"个体潜意识"，还有来自民族、文化历史及整个人类经验的"集体潜意识"。它是我们的精神遗产，也是生命的负担。要做一个完整而处事精明的人，必须"首尾兼顾"。这个梦显然是在提醒 A 君，不能被野心和抱负"冲昏了头"，而应该想想自己的"过去"，否则后果不堪设想。

象征"有病之屋"的农舍

在第三个梦中，A 君梦见：

"我到乡下，在一间简单的农舍里，和一个年老的、充满母性的农妇在一起。我向她提起计划中的一次伟大旅行，我准备徒步从瑞士前往莱比锡（Leipzig）。她为我的计划动容，我觉得很高兴。就在这个时候，我朝窗口望去，看到一个低草地，农夫们正在那里收集干草。然后景致突然改变，在背景里出现一只如恶魔般可怕的、巨大的蟹蜥蜴（crab-lizard），它先向左边移动，然后又朝右边移动，结果我发现自己就站在它张开如巨剪的两只大螯间。接着，我的手上有一根棒子，我用棒子轻触那怪物的头，并杀了它。我站在那里，仔细端详这只怪物好长一段时间。"

这个梦比前两个梦来得复杂而怪异，要了解梦境中的某些情景，需要靠梦者的联想。我们感觉到的是，A 君在梦中又回到他童年成长的乡下。但"一间简单的农舍"象征着什么呢？当荣格问 A 君对此联想到什么时，A 君出人意料地说："我想到巴塞尔附近的圣雅各布麻风病院。"该病院是历史非常悠久的麻风病人收容所，它也因公元一四四四年的一场战役而出名。在该役中，瑞士的一千三百名士兵在这所麻风病院浴血抵抗勃艮第公爵三万人军队的进攻，英勇的瑞士部队浴血苦战，虽然全员牺牲，但却阻止了敌人的进一步侵略。在瑞士人的眼中，这一千三百名光荣战死的士兵，一直是他们的英雄。不过瑞士人也知道，这些英雄违背了上级的命令，上级原来命令他们不准出战，需等所有的军队都到齐后再行攻击。但所谓"将在外，君命有所不从"，当他们看到敌军时，不顾上级的命令出战，结果才全部牺牲。

　　A君的联想，让我们发觉他其实是在一间"有病的屋子"里，而他的"病"就像那一千三百名英雄般"冒进"，顾首不顾尾，结果全部战死。这跟第二个梦正好前后呼应。

老农妇与干草的联想

　　梦中"年老的、充满母性的农妇"，很容易让人想到她代表的是A君的母亲，但A君联想起的却是他的"女房东"，这位女房东是个年老的、未受教育的古板寡妇，生活在比A君低下的社会氛围里。荣格认为，对A君来说，"思维"是高尚的，而"感觉"则是卑下的，所以这个老妇人象征的是A君心灵中较卑下的部分，而她也可以说是A君的"内我"(男人心中的女性心像)。

A 君向老妇人"提起计划中的一次伟大旅行",原来在现实生活里,A 君正野心勃勃地想到莱比锡去谋得一个教授的职位。在梦中,老妇人为他的计划"动容",A 君对此的联想是:"我喜欢在不如我的人面前吹嘘我是怎样的一个人,当我和未受教育的人交谈时,我喜欢摆出高高在上的样子。但不幸的是,我过去一直生活在卑微的环境中。"A 君很在意自己卑微的出身,所以拼命想往上爬,他将"思维"置于"感觉"之上,"感觉"对"思维"所做的一切只能鼓掌叫好。

但就在这个时候,梦中的他望向窗外,看到一群农夫正在"收集干草",这种粗活正是他小时候一做再做的事,梦思再度将他带回卑微的过去。但 A 君在联想时,却想到他目前的家里,墙壁上也挂着一幅农夫收集干草的画,他说:"这是我梦中画面的来源。"其实,这很可能是一种心理自卫,他的意思好像在说:"我梦见的只是墙壁上的一幅画,它一点也不重要,我们不必太在意它!"这种欲盖弥彰,似乎更泄露了他潜意识里的隐痛。

巨大蟹蜥蜴的双重含意

接下来,突然改变的景致让人有梦魇般的感觉。"如恶魔般可怕的、巨大的蟹蜥蝎"似乎寓意深远。本身也是心理学家的 A 君，熟知弗洛伊德的精神分析理论，他对此提出的解释是：蟹蜥蝎是母亲的象征，那"张开如巨剪的两只大螯"，象征着母亲"张开的双腿"，而站在"两只大螯间"的他，手中拿着一根"棒子"（男性性器的象征），似乎渴望重返他的诞生之地，但"巨剪"也给他莫大的威胁。A 君说这是潜意识里"乱伦渴望"与"去势焦虑"的双重显影。这种解释虽然"有趣"而且颇具"巧思"，但却和前面的梦境缺乏主题的连贯性。

荣格认为，"蟹蜥蝎"是一种"原型"。前面的梦景，都可以在现实生活里找到同样的东西，唯独这个"蟹蜥蝎"是现实生活里所没有的，它仿佛是超乎个人经验之外的某种远古怪兽，所以荣格认为，它是集体潜意识中的"原型"的显影。

在各民族的神话里，都有"英雄屠龙"的主题，此一主题的一再重复出现，是因为它是人类集体潜意识中的一个"原型"。在 A 君这个梦中，"英雄"由他自己来扮演，而"恶龙"则以"蟹蜥蝎"的方式出现。"英雄屠龙"才是这个梦的主题，在有着一千三百名瑞士英雄战死的"农舍"里，向女房东吹嘘自己"伟大的旅行计划"，是英雄的"热身运动"，我们甚至可以说，A 君的前面两个梦，也都具有英雄的主题，在那两个梦中，他扮演的是学识高人一等的"知性英雄"。

但集体潜意识里的怪兽或恶龙，为什么会以"蟹蜥蜴"的怪异形态出现呢？荣格说，某些动物常可与人体产生类比关系，譬如"蟹"，它代表的是腹部的神经，而"蛇"或"蜥"则代表着延脑脊髓神经，"蟹"与"蜥"合而观之，代表的是延脑脊髓及腹部神经，它与大脑中枢相较，是属于"低下"而类似"尾巴"的部分，这跟第二个梦中的"火车头"与"火车尾巴"前后呼应。重视"思维"而压抑"感觉"的 A 君，像是一个只有"头部"的英雄，当他一意孤行时，心灵中属于"低下"与"尾巴"的部分，就会化为"蟹蜥"般的怪兽，起来反抗他，想反咬他一口。而这种潜意识的反抗，在现实生活里就以眩晕、心悸、无力和倦怠等症状出现。

但这种反抗似乎注定是要失败的，因为自认为是英雄的 A 君，在梦中轻而易举地制服了"蟹蜥蜴"——他用"一根棒子轻触那怪物的头，并杀了它"。A 君并未像神话中的英雄般，以宝剑屠龙，而只是用"一根棒子"，A 君说："就效果来说，它似乎是一根魔棒。"这根"魔棒"代表的是 A 君个人引以为傲的意念、睿智和精明，他用这种东西轻而易举地制服了感觉的反抗。

荣格问 A 君："在你杀了怪兽之后，你为什么还仔细端详它好长一段时间？" A 君说："哦，那是因为能这么容易就处理掉这样一头怪兽，觉得有点不可思议呀！" A 君依然陶醉在他的英雄美梦里。

梦暗示了 A 君的悲惨结局

在解读了 A 君的三个梦后，荣格对 A 君的处境已了然于心，他对 A 君说："看待梦的最好方法是将自己视为一个无知的小孩或青年，向已经活了两百万年的老人或母亲请教说：'现在，你怎么看我？'她可能会说：'你有一个充满野心的计划，但那是愚蠢的，因为你一直违反你的本能在行事。你自己有限的能力阻挡了你的去路，你想用你思维的魔法来消除障碍，你自认为可以靠你的聪明才智将它清理掉，但相信我，它会让你追悔莫及。'你的梦对你提出警告，你的作为就像那火车司机或中古世纪的瑞士英雄，在没有背后支持的情况下就奋其愚勇往前冲，如果你再这样做，那你将陷入灾难之中。"

可惜的是，A 君觉得荣格把他的梦或问题看得太严重了。他认为这些梦是来自现实难以相容的愿望，而第三个梦的核心更是他无法实现的乱伦愿望，如今他已意识到这个愿望，而且也摆脱了它，现在他可以无牵挂地前往莱比锡了。

不久之后，A君果然动身前往莱比锡，想实现他的伟大计划，但在三个月后，他就失去了职位，而过着悲惨的生活，美好的前景也画上了句点。他像一个"无知的青年"，没有听荣格这位"智慧老人"的忠言——更正确地说，他不把自己梦中所提出的"警告"当一回事！

A君的这三个梦，有着类似的主题，通过上述的分析，我们可以更清楚地看出他的意识生活存在什么样的问题，以及这些问题的本质。像这样把几个梦当作一部数幕的心灵演剧或一篇分成几个章节的小说来仔细阅读与分析，不仅有助于了解自我，而且饶富趣味，这才是真正的释梦艺术，可惜并不多见。

05

异质的风景：
梦与灵异

第十八章

心电感应、透视与预知之梦

从唐代传奇小说《三梦记》谈起

《三梦记》是唐代白行简的一部传奇小说。《三梦记》记录了三个梦，这三个梦可以说是中国灵异之梦的代表，为了读者阅读方便，将原文译成白话如下：

第一个梦说：

"武则天执政时，刘幽求是京城的副手，某日出差，入夜方归。走到离家十多里的地方，路边有一座寺院，他听到寺内传出欢声笑语。寺院围墙有一处缺口，可以看到里面的情景，刘幽求于是蹲下身来窥视。只见十数名男女杂坐在一起，围成一圈在吃饭喝酒，他看到自己的妻子居然也坐在其中，而且谈笑风生。刘幽求目睹此景，愕然良久，百思不解，心想妻子不可能来这里，但仔细看座中女子的举止言笑，又确定是妻子无异。他本想入内查个究竟，却发现寺门紧闭，于是他只好拿出一片破瓦，朝那堆人丢去，瓦片击中酒瓶，水花与破片四溅，人群一哄而散，瞬间失去踪影。刘幽求翻墙进入寺中，和随从四处搜寻，大殿与走廊都空无一人，而寺门也闭锁如故。刘幽求更加惊讶，于是连忙返家。回到家时，妻子已就寝，听到丈夫回家，她起床与丈夫寒暄，然后笑着说：'我刚刚梦见和几十个陌生人周游一寺，大家围坐在庭院里吃喝，有人从寺外丢一片瓦砾进来，弄得杯盘狼藉，我才从梦中醒来。'"

第二个梦说：

"元和四年，元微之任监察御史，奉命出使梁州。他出发十多天后，我和哥哥白居易及李杓直同到曲江游览。我们到慈恩寺参观，走遍各僧院，逗留相当长的时间，一直到傍晚，才回到李杓直的家中休息。当晚，大家饮酒作诗，非常欢畅。我哥哥在席上忽然停杯良久，说：'微之兄应当已抵达梁州了！'于是拿起笔来，就在墙壁上题诗：'春来无计破春愁，醉折花枝作酒筹。忽忆故人天际去，计程今日到梁州。'我们计算时日，那天是二十一号。十多天后，有人从梁州来，带来元微之的一封信，里面有一首《纪梦诗》，诗曰：'梦君兄弟曲江头，也入慈恩院里游。属吏唤人排马去，觉来身在古梁州。'《纪梦诗》所载的日期和白居易游寺题诗的日期完全相同。"

第三个梦说：

"贞元年间，窦质和韦旬结伴从亳州去秦地，夜里客宿在潼关的旅店。当晚，窦质梦见自己在华山下的华岩祠，遇到一个长得又黑又高的女巫，她身穿青裙白衣，沿路向他叩拜作揖，说是要为他向山神祝祷。窦质拗不过她，就由她照办，并顺便问女巫的姓氏，女巫自称姓赵。窦质醒来后，将梦中所见一五一十告诉了韦旬。第二天，两人来到华岩祠前，有个女巫出来迎客，窦质发现她的容貌装扮，一如梦中所见，回头对韦旬说：'梦竟然应验了！'于是命随从从钱囊中拿出两文钱，交给女巫。女巫见状，拍手大笑，对其他女巫说：'果然和我梦到的一样！'韦旬惊讶地问她怎么回事，她说：'我昨晚梦见有两个人从东面来，其中一个留着短须的人要祝祷山神，给我两文钱作为酬劳。今天早上，我将这个梦告诉同伴，现在果然应验了！'窦质听后，请教女巫姓氏，女巫的同伴说：'姓赵。'窦质和赵氏两人所做的梦，从头到尾，颇为相似。"

"灵异之梦"的类别与定义

我们要如何看待这三个灵异之梦？最方便的莫过于说这只是"传奇小说"，是文人的渲染附会之辞。但用这么简单的一句话，就想将古往今来汗牛充栋的灵异之梦全部束之高阁，似乎是太干净利落了。这种心态反映的也许只是近似强迫性的"科学洁癖"而已——将不符合目前科学模式的异象，全部视为假象，而弃之如敝屣。

其实，这一类的灵异梦，自二十世纪三十年代起，已成为超心理学研究的重要领域之一。根据超心理学之父莱因教授（J.B.Rhine）的定义，所谓"超心理学"研究的是生物体与其环境间不受已知之知觉运动功能所支配的相互作用。其中，与本文相关的是属于输入形态的"超感官知觉"（extrasensory perception，简称 ESP 或第六感），它意指当事者无须眼、耳等感觉器官的参与，而能接收到外在的人、物、事件等讯息。ESP 又可分为下列三种：一、透视，指穿越空间，对其他地方的人、物或事件的知觉；二、心电感应，指对他人思想的超感官知觉；三、预知，指穿越时间，对未来事件非推理性的觉知。

绝大多数的灵异梦都落在超感官知觉的范畴内，也可做如上的分类。但这种分类的界限有时颇为模糊，譬如当梦境有人物又有情景时，我们很难厘清做梦者捕捉的到底是人物的心思，还是整个的情景，譬如在《三梦记》的第二个梦中，如果元微之是"感应"到好友白居易对他的思念，而做了同游的梦，则属于"心电感应之梦"；但如果是他在梦中穿越空间，看到了白氏兄弟游览慈恩院的情景，则变成"透视之梦"。另外，故事只说白居易游寺题诗与元微之做梦记诗"日期相同"，但一天的时间很长，只有当梦境与外在事件在时序上完全同步化（还需校正两地的时差），才是"透视"或"心电感应"的梦，若梦境先于外在事件（即使是早一分钟），就成了"预知梦"，不过这种时间上的先后，通常是很难厘清的。

第三个梦则包含了两种感官知觉。一方面，窦质与赵氏所做的都属于"预知之梦"，预见明日将发生的事；而另一方面，两梦互通，则属"心电感应之梦"——一个人的梦思让另一个人产生了感应。第一个梦最怪异，几乎无法用超感官知觉来涵盖它，当然，最方便的是援用古已有之的"魂游派"说法，刘幽求所见是妻子灵魂出游的情形。但如果我们把刘幽求在寺外所见视为"错觉"（把别的女人错认成自己妻子），则刘妻的梦既可能是"透视梦"（透视了刘幽求行经寺院时，在寺中所发生的状况），也可能是"心电感应之梦"
（感应到刘幽求在途中因所见而浮现于脑中的心思）。这种解
释似有捉襟见肘、削足适履之嫌，下面在讨论到相关的部分
时，我们还会提出另外的解释。

穿越空间的"透视之梦"

白行简说："世人之梦亦众矣，亦未有此三梦。"其实，
古往今来，类似的梦相当多，我们先举英国"灵学研究会"
（Society for Psychical Research，SPR）所报告的梦例。这些
梦例都是经过该会研究者审慎检查之后，认为做梦者"没有
欺骗的理由"或"可信"才发表的。我们就从"透视之梦"
介绍起：

一位名叫布斯克的小姐，报告了如下的一个梦：

"我梦见我正在肯特郡老家的林间漫步，走到一处我相
当熟悉的地方，在冷杉下的沙地，我差点被某些突出的东西
绊倒，仔细一看，原来是埋在沙堆里的鸭子露出外面的鸭头。
醒来后，我觉得这个梦很好玩，就在早餐时告诉家人……一
个小时后，老家的土地管理员进城来传话，在他要离去时，
他说有一件怪事一定要转告我们：在老家的田庄发生了偷盗

案，有人发现几只被偷的鸭子埋在沙堆里，头露在外面。那个地点正是我在梦中走到的地方。"

另有一位名叫蒙哥梅丽的夫人，则报告了如下的一个梦：

"大约三十年前，我的一个姐姐死了。她去世的地方离我们住的地方有一段距离，所以只有我先生单独去参加葬礼。当天晚上我很早就睡了，做了一个恐怖的关于葬礼的梦，我看到我的哥哥在葬礼仪式中昏倒，而且掉到挖开的坟地里，我惊恐地从梦中惊醒。刚好参加葬礼的丈夫回来，我连忙问他在葬礼上是否发生过什么不寻常的事？我把我所做的可怕的梦一五一十地告诉他，他听完后说：'是谁告诉你的？我本来不想告诉你的！'"

这两个梦的梦境都非常怪异，但又与外在的真实事件如出一辙，不太可能是巧合，除非做梦者说谎，否则应该属于穿越空间（可能还包括时间）的"透视之梦"。

灵犀互通的"心电感应之梦"

费尔汀太太向"灵学研究会"报告说，有一天晚上，她丈夫睡着了，但她还醒着，也不知为什么，她忽然想起少女时期所住的老家，她已有二十多年没有回故乡了。在回想故乡的种种时，她特别想到住在老家附近的地主哈维·布朗。第二天早上，她丈夫忽然对她说他昨晚"很奇怪地梦见哈维·布朗，看到他在那栋老房子前绕来绕去"。

是费尔汀太太未入睡时的心思让她丈夫做了那个梦，还是费尔汀先生的梦境让他太太想起老家？我们虽不得而知，但若属前者，则这个梦例就是典型的"心电感应之梦"。

"灵学研究会"也报告过"两梦互通"的案例。格雷森博士说她在一八九二年一月二十六日星期二晚上两点至三点之间，梦见：

"我站在黑暗森林中的一处孤寂地方，一个我熟知的人慢慢浮现出来，摇动我身旁的树木，于是树叶变成了火焰燃烧起来，一种极大的恐惧袭上我的心田。由于此梦如此逼真，因此当我四天之后碰见梦中的那个人时，我就跟他说：'星期二晚上我做了一个相当怪异的梦。'他说：'先不要告诉我，让我来描述那个梦，因为我知道我也梦见相同的事情。'然后，他没有经过我的暗示叙述了相同的梦，而且是在相同的时刻发生的。"

那个朋友是一名律师，名叫乔士林，他对自己当天晚上所做的梦叙述如下："我梦见自己在一个我有时去打猎的寂静树林里，天黑之后，我向前走着，忽然发现一个朋友站在离道路三米左右的树丛里，她显然被我所看不见的东西吓住而僵立在那里，失去了知觉。我走到她的身边，摇动着那个树丛，掉落的树叶却变成了火焰。"

格雷森与乔士林在同一天晚上几乎同一时刻做的相同的梦，与外在事实并不吻合（在他们的现实世界里均未发生此事），只是梦与梦的吻合。这也许是巧合，但也有可能是格雷森梦中的心灵活动，以我们目前仍无法知悉的途径被乔士林"接收"，而融入他的梦中（或者相反，乔士林梦中的心灵活动被格雷森接收），这显然也是"心电感应之梦"。

反复出现的"预知之梦"

"灵异研究会"也报告过如下的"预知之梦"：

"Q 女士与舅舅住在一起，舅舅对她来说就如同父亲一样。有一天，她梦见她和妹妹坐在舅舅的客厅里，那是一个晴朗的春日，花园里的花正盛开着，然而在花的上面却覆盖着一层薄薄的雪。在梦里她知道舅舅被发现死于离家五公里外的骑马路路旁，他穿着一件朴素的黑衣，他的马则站在他的旁边。她也知道他的尸体正由一辆用两匹马拉的农家马车运回，马车底部放有干草。她们在家等着载运尸体的马车到达家门口，两个她认识的男人费了九牛二虎之力把尸体抬到楼上，因为舅舅是个非常高大而笨重的人。在搬运时，尸体的左手垂了下来，而当那两个人上楼梯时，它竟撞击着栏杆。这个情景使她产生莫名的恐惧，因而从梦中惊醒过来。

"第二天早上，她非常不安地将梦告诉舅舅，并恳求他答应以后绝不在那条特殊的路上单独骑马。舅舅答应以后在那条路上骑马时，一定会有马夫随行。

"我对于此梦的记忆逐渐模糊。但两年后，同样的梦境又清晰地重复了一遍。Q女士责问舅舅，而舅舅也承认他偶尔还单独地在那条路上骑马。四年之后，Q女士因结婚而离开舅舅家迁往伦敦，并怀了一个孩子。在她感到不舒服的前一晚，她又做了同样的梦，只是有一点不同，这次是在她伦敦的卧室里，而非在她舅舅的客厅里。至于其他情景就像以前的那些梦一样，但是这次另有一鲜明的细节，梦中出现一位全身穿着黑衣的绅士，她无法看清他的脸，这位绅士站在她的床边告诉她，她的舅舅已经死了。她极端痛苦地醒来，由于生病，她停止继续思索这个梦。几天后，医生允许她用铅笔写几行字给她的舅舅，这张便条在舅舅去世的两天前到达。

"当她痊愈后，对舅舅没有给她回信感到奇怪，直到有一天早上，有人通知说她的继父来找她。继父走进她的房间，站在她的床边，全身穿着黑色的丧服。Q 女士叫道：'舅舅死了！关于此事我知道得一清二楚，我经常做这样的梦。'"

其后的调查显示此梦的任何一个细节都完全应验，包括左手撞击栏杆一事，而把尸体搬上楼的就是梦中所见的那两个男人。唯一不符的是梦中出现的花和雪，但 Q 女士发现，花和雪被她的族人视为是死亡的象征。

这个"预知之梦"，不只预见了数年后所发生的事件细节，而且梦境还重复出现，实在令人不可思议。

威蒙夫妇的罕见奇梦

"灵学研究会"的报告里，甚至也有类似《三梦记》中的第一个梦，而且是更加怪异的梦例：一八六三年，家住桥港的制造商威蒙搭乘"民谣市号"轮船横渡大西洋返英，船在海上遇到暴风，持续八天他都睡得不好。在风势缓和的那晚，他睡着了，梦见他太太居然穿着睡衣出现在舱房门口，好像知道舱房里不只有他一个人，她稍显迟疑，然后"弯下身来吻我，在搂抱了一会儿后，就又安详地离去"。

当威蒙醒来后，和他住同舱的房伴泰特，一脸严肃、两眼直瞪着威蒙说："你真幸运，居然有女人会那样来找你！"威蒙一头雾水，问泰特是什么意思，泰特说他昨晚看到一个穿睡袍的女人进来，又如何如何等，与威蒙的梦境如出一辙。

回到桥港后，威蒙太太一见到丈夫，就问他："一个礼拜前的星期二，你有没有感觉到我去找你？"原来威蒙太太在听到海上有暴风，而且有另一艘船遇难的消息后，担心得睡不着觉，就在威蒙做那个梦当天的凌晨四点，威蒙太太"看见"自己横越暴风雨的大海，找到了"民谣市号"，进入丈夫的舱房。"在上铺有一个男人直瞪着我，我犹疑了一会儿，不敢进去。但最后我还是走到你床边，弯下身来吻你，张开双臂搂住你，然后离开。"威蒙说他太太对"民谣市号"及舱房的描述，"在细节上均符合"，而且和威蒙同船的妹妹也证实，泰特曾经问她是否曾在某夜到舱房里来探视她哥哥。

这个梦比《三梦记》中刘幽求夫妻的"彼梦有所往而此遇之也"更复杂，也更匪夷所思，我们将留待下一章一并讨论。

人与狗的"心电感应之梦"

"心电感应"甚至可发生在人和动物之间，一九〇四年七月二十一日的《泰晤士报》刊登了哈格德（R.Haggard）法官的一封信，哈格德法官说这一两个礼拜来，他接连做了两个噩梦，因在梦中发出怪声而被太太叫醒。第一个梦较模糊，醒来时哈格德只觉得有一种恐怖的压迫和挣扎感，好像就要溺毙般。第二个梦较清晰，他梦见他女儿养的黑猎狗鲍伯正奄奄一息地躺在某个丛林的河边，好像要告诉哈格德说它就要死了。哈格德法官醒来后，觉得这个梦实在荒谬，但当他知道鲍伯真的失踪后，他立刻派人搜查，结果发现狗的尸体漂浮在一个河堰边。两个铁路工人告诉他，他们在河边的铁道发现了狗的项圈，他们认为可能是前晚的夜车撞到了狗，而将它抛入河边的芦苇丛中。

哈格德法官在信里说，他一生都在"调查证据"，但对这件事却觉得无法用"巧合"来加以解释，他"不得不相信"他和猎狗鲍伯之间的亲密关系，使鲍伯在垂死时发出的讯息，被他"存在中的某个部分"所接收，而这种接收能力会"因睡眠而加强"。

以上这些梦例虽然精彩，但都属做梦者的"夫子之道"，而这些做梦者大抵也是二十世纪以前"科学未兴盛发达"时期的一般人士，有的甚至是对二三十年前某个梦境的回忆，在"可信度"上是有瑕疵的。但如果暂时撇开"可信度"的问题不谈，则我们不难发现，所谓的"灵异之梦"就是这几种类型，古今中外皆然，而它竟已全部包含在短短的《三梦记》里！

第十九章
研究者、医生与病人的灵异之梦

常做灵异之梦的荣格

灵异之梦并没有因科学兴盛发达而消失，在本章，我们将到另一群人的身上去寻找素材。

荣格是二十世纪最具神秘色彩的心理学大师，就像他所说："每种心理学都具有主观的色彩，我深知我所说的每句话都有我的主观成分，有我个人的历史背景与特殊环境成分。"荣格就是一个做过不少灵异之梦的心理学家。在其自传性的《记忆、梦与反思》一书里，就有下列几个梦：

"我置身于浓密阴郁的森林里。像似热带丛林的大树间到处是奇幻的岩石，景色壮观而原始。突然，我听到一阵响彻云霄的吼叫，我的膝盖直打哆嗦。接着一只庞然的鬣狗扯开血盆大口从丛林里跳出来。才只一瞥，我的血脉就整个僵住了。那畜生向我扑来，我随即悟到：是猎人命令它来取走一缕人类的灵魂。我从死亡的恐惧中惊醒过来，第二天早上，我就接到母亲过世的消息。

"我梦见我妻子的床铺变成了有着石壁的深窖，那是一个坟墓，看起来像是相当古典而久远的型式。然后我听到一声深深叹息，似乎是某人在和鬼道别，一个像我妻子模样的女人从深窖中坐起，向上飘浮，她穿着缀有奇异黑色图案的白袍。我从梦中惊醒，唤醒我妻子，看看钟，发现是凌晨三点。这个梦非常怪，我当时就觉得它可能是意指某人的死亡。早上七点，噩耗传来，我妻子的堂姐在凌晨三点过世。"

亲人在梦中来告别，但这两个梦与其说是"心电感应之梦"，不如说是"透视之梦"，荣格在梦中并不确知是什么人死亡，只是模糊地"理解"到有某个至亲的人死了，而死亡的象征——夺魂鬣狗与石壁深窖，正充满了荣格所倡言的"原型"意味。

荣格也做过一个典型的"透视之梦"：

有一夜，他很晚才睡，心中浮现昨天才下葬的某位友人的形影。后来荣格睡着了，但突然觉得这位友人走进他的卧房，荣格跟他一起出去。朋友带荣格到他（朋友）的藏书室，藏书室有一张凳子，友人爬上凳子，指着书架第二层五本红色书背的第二本，荣格看不清楚那是一本什么书，然后他就从梦中醒来。

第二天，在好奇心的驱使下，荣格走访亡友的遗孀，请求参观亡友的藏书室。在进入藏书室后，荣格看到他梦中的凳子，第二层书架上果然有五本红色书背的书，他爬上凳子，拿出从左边算起的第二本，发现那是左拉写的《死亡的遗产》，虽然书的内容无关宏旨但书名却极具象征意义。

荣格病人的"预知之梦"

荣格在治疗病人的经验里，也碰到过几次很难理解的"预知之梦"，一次是有一名学生，他父亲答应他如果能顺利通过考试，就让他到西班牙去旅行。这名学生不久做了一个梦，梦见一座哥特式的教堂，还有一辆由两匹乳白色骏马拉着的马车。后来，这位学生通过考试后，真的到西班牙去旅行了，在一个城市里，他看到了梦中的大教堂，离开教堂转了一个弯后，又看到了两匹乳白色骏马拉着的马车，与梦中完全一样。

另一次则更为神奇，荣格在治疗某个女病人，这个女病人因为本身有强烈的智性防卫，而使治疗很棘手。有一天，她向荣格说她做了一个梦，梦见有人送给她一只金黄色的蜣螂，是一种很值钱的珠宝饰物（古埃及人用它做雕像饰物）。就在这个时候，荣格听到窗玻璃那有昆虫要飞进来的声音，他走过去一看，正是一只金黄色的蜣螂，于是荣格将它抓进手里，走到病人面前打开来说："这就是你的蜣螂。"病人当时感到很惊讶，对她的病情不再保留，而使治疗得到较好的结果。

梦研究者的"心电感应之梦"

全世界第一个"心电感应之梦"的科学实验是在纽约布鲁克林"迈蒙尼德医学中心"（Maimonides Medical Center）的精神科开始的，主持人为乌尔曼博士（M.Ulman），我们在第二十一章会介绍这些实验。现在先说曾参与此一实验计划的加勒特（Eileen J.Garrett），她是"纽约超心理学基金会"的创办人，早年住在伦敦时，曾有过如下的"心电感应之梦"：

某个星期天，她心里忽感烦闷，觉得是住在寄宿学校的女儿似乎遇到了什么苦恼的事，但她并不太在意，心想每个星期天女儿都会在宿舍里写家书，可能是她"捕捉"到女儿写信时的心情的关系，反正明天接到信就知道了。当天晚上，她梦见女儿出现在面前，说："亲爱的妈妈，我没有写信给你，因为我的胸部在痛，今晚一直咳嗽，而且发烧。校长在知道我没写家书后很生气，说我不重视、不尽责，但她现在就在我的房间里，知道我是因为生病的关系。"

第二天，邮差并没有送来女儿每星期按时抵达的家书，加勒特打电话到学校查询，校长告诉她，她女儿昨天因感冒而卧病在床，确实是因生病才没有写信回家向父母请安的。

而"迈蒙尼德医学中心"一位来自西班牙的精神科医生，则做过如下的梦：

"在梦中我又回到西班牙的老家，我听到我的大姐尖声呼叫——向我求救。我朝声音的方向跑过去，发现她在我父亲的卧室里。我父亲正坐在床上，脸色苍白，右手拿着手枪对准他右边的太阳穴，姐姐则跪在床沿，哭喊着说：'爸爸，不要这样！'然后，我惊醒了过来。

"这个梦非常逼真，它让我产生梦魇般的焦虑。我看看钟，时针刚好指着凌晨六点。我再也无法入睡，只好起床，我把这个格外扰人的噩梦告诉医院里的几位医生。

"事后证实噩梦成真，在同一天的中午十二点（西班牙时间，刚好是纽约的凌晨六点），我父亲回到家中后，在我母亲和姐姐的面前昏了过去，我父亲相当胖，母亲和姐姐两个人合力将他架到床上，他一直没有醒来（脑出血），三天后就死了。"

"灵异之梦"中的象征

乌尔曼博士将前述这个西班牙医生的梦归类为"心电感应之梦"，我们可以看出，他所"感应"到的并非父亲临死前的"实景"，而是以"拿着手枪对准右边的太阳穴"来象征"中风"，这跟前章的梦例所强调的"梦境"与"真实事件"完全吻合有很大的不同。但如果我们承认梦的语言本就是一种"象征语言"，即使是以未知的途径接收外在的讯息，也必须经过"梦的运作"才能浮现于脑中，则这样的梦，还有前述荣格的两个亲人死亡的梦，反而较令人觉得"可信"。

谈到灵异之梦的象征，其怪异之最恐怕要推英国专业作家古奇（S.Gooch）下面这个梦：

古奇说，他有一晚梦见参加某个宴会，或看起来像是宴会的场合（梦中的场景模糊），遇见了世界知名的科幻小说作家阿西莫夫（I.Asimov）。在真实生活里，两人并未碰过面，但在梦中，古奇试着和阿西莫夫聊天，结果两位作家发现彼此都没什么话好说，找不到共同的话题。古奇注意到阿西莫夫长得比自己高（但他未见过阿西莫夫本人，所以不知道这是否真确），在他们身旁有一座老式的热水暖气机，他一直无法理解它有什么意义。

几天后，古奇接到《新科学家》杂志，上面刊登了他写给该刊的一封信，令他吃惊的是，在旁边那一栏登的就是阿西莫夫的一封信。阿西莫夫的信较长，就好像在梦中阿西莫夫长得较高般，而两封信的内容各有主题，互不相干，就好像在梦中他和阿西莫夫"找不到共同的话题，没有什么话好说"般。

如果我们接受这种象征解释，那么古奇的梦就变成一个"预知之梦"了，只是他所预知的事件并非天灾人祸，而是杂志上的两封信。

一九四二年，"美国灵学研究会"报告了一个颇为奇特的"预知之梦"。做梦的是一个叫罗拉·达利的女士，她梦见正在用吸尘器清扫一个奇怪的房间，房间里还有其他人和她养的一条狗。突然之间，吸尘器竟像有生命的东西般开始一胀一缩，惊惶的她立刻放下吸尘器逃离房间，吸尘器不久就爆炸了，有一个人为了救她的狗而被炸死。

几天后，她去看一部叫《大乌鸦》的卡通片，影片里有一只大乌鸦和一条狗去造访另一条狗，想向它推销吸尘器，正当乌鸦示范怎么使用吸尘器时，同来的狗溜到楼上去猛吹电路的保险开关。突然之间，吸尘器像有生命的东西般一胀一缩，最后爆炸，将狗主人炸成六片，而同时，溜到楼上的狗也把保险开关吹爆了。

"吸尘器像有生命的东西般一胀一缩，最后爆炸"，在梦中的确可能出现此一荒谬的景象，它当然不可能存在于现实生活里，但却是卡通片惯用的夸张手法。达利女士"预见"的居然是卡通片的内容，你说奇怪不奇怪？

女医生与女病人间的心电感应

自从精神分析兴起后，精神分析家常要病人报告他们的梦，然后加以分析，以便探究他们潜意识里的冲突。在精神分析的资料档案里，除了我们在其他篇章所提到的梦例外，也有一些自成系统的"灵异之梦"。

海伦·多伊奇（Helene Deutsch）是早年精神分析学派的健将之一，这位女中豪杰在多年的诊疗工作中，以其细腻的心思窥探了不少人类心灵的奥秘，下面就是一个颇为奇特的病例：

有一天，在漫长的诊疗工作要接近尾声时，她想起明天是自己和丈夫的结婚八周年纪念日，心里盘算着应该好好庆祝一番。这些私事使她分心，而疏于对病人应有的关照。诊疗结束后，她深感歉疚，因为病人是一个非常敏感的妇人（A女士），如果让她察觉自己的神不守舍，甚至被误认为是自己有意疏远她，那也只好坦然接受病人的责难了。

　　第二天，海伦仍照常诊疗，事实上，她并没有告诉任何人今天是她的结婚纪念日，而家里（诊疗室就在她家里）也看不出任何要举行什么庆祝的迹象和气氛，除了家人外，没有人知道今天是她的结婚纪念日。而A女士本身是个外国人，也不认识海伦的任何亲友。

　　就在这天，不知情的A女士照常来接受精神分析，她先向海伦报告她昨夜所做的一个梦。她梦见："有一个家庭正在庆祝结婚八周年的纪念，夫妻就坐在一个圆桌边，但妻子看起来很悲伤，而丈夫则满面郁怒。我知道这个妻子之所以悲伤是因为她没有小孩，虽然结婚多年，但却没有子女，现在她知道她必须永远放弃这个希望了。"

　　A女士为什么会在这个时候梦见一对夫妻的八周年结婚纪念呢？对这个梦做进一步的分析发现，梦中的场景，也就是八周年结婚纪念的场所是海伦的诊疗室和A女士父母的客厅"浓缩"而成，而在梦中庆祝结婚八周年纪念的那位女主角，则同时具有 A 女士、A 女士的母亲以及海伦的一些特征，换句话说，是这三个女人的组合。

事实上，A 女士结婚才三年，她很希望自己能有个小孩，但却因一再的流产而深感挫折。在接受海伦精神分析期间，她也发生过一次流产。海伦认为 A 女士的一再流产有着心理上的成因，她摆脱不掉"恋亲情结"的阴影。A 女士是父母六个子女中的老大，她母亲每隔一年多就产下一个孩子，因家庭人口很多，母亲不得不在结婚"第八年"就终止了性行为。A 女士自己的"没有小孩"可以说是对母亲生育频繁，最后出于无奈而终止性行为的一种神经质反应。在梦中，A 女士与母亲合而为同一人，似乎想取代母亲的位置，由她来替母亲和父亲生小孩。但梦中的女主角也有海伦的影子，而且结婚纪念会的场所仿佛就是她的诊疗室。更巧的是，海伦昨天在诊疗 A 女士时，心里想的正是今天要如何庆祝自己的结婚八周年纪念。

男医生与男病人间的心电感应

艾林瓦德医生（J.Ehrenwald）有一个男病人，报告说他梦见自己站在一个临河的断崖边，手上拿着一把钥匙，钥匙是用黄色金属打造的，上面有清晰的号码"一一七"。突然之间，他丢下钥匙，但断崖边的一丛灌木卡住了钥匙，而没有掉进河里。能够再将钥匙捡回来，使他心里产生了颇为庆幸的解脱感。

病人目前有个女友，但病人却是个潜在的同性恋者，在做这个梦的几天前，他和女友在一起，看到她想用钥匙打开房间的门时，钥匙却扭断了，这个经验可能是梦的材料。艾林瓦德医生对这个梦做了典型的精神分析式解释：钥匙是男性的象征，而病人以前有一次和女友做爱时，女友曾说："这就好像用钥匙开锁般。"病人在梦中将钥匙丢掉，又将它捡回来，正暗示了他自己在性角色方面的矛盾心理。

但梦中的钥匙为什么会有清晰的号码"一一七"呢？艾林瓦德医生想起自己在差不多一周前，用钥匙打开自己诊疗室的门时，钥匙也扭坏了，他只好拿出房东太太那里备用的钥匙，这把钥匙刚好是黄色金属打造的，而上面也有个号码"一一〇七"！虽然不是"一一七"，但几乎就是"一一七"。艾林瓦德医生说，病人不可能知道这件事，更不可能知道备用钥匙上的号码。

乌尔曼博士也报告说，他有一个四十二岁的女病人，有一天晚上梦见"我和约翰在家里，桌上有一瓶酒，是一半酒精一半奶油掺混而成的白色泡沫饮料……"而在同晚另一个梦片段中，她梦见："我养了一头小豹，看起来非常危险。"

令乌尔曼惊讶的是，就在病人做这个梦的同一晚，他和妻子参加了"纽约医学会"的研讨会，会中讨论的主题是"动物的精神官能症"，演讲者放了一部影片，说明猫如何对酒精成瘾。其中有一幕是：一只有"酒瘾"的猫必须在一盘牛奶和一盘半是酒精半是牛奶的食碟间做选择，结果猫选择了半是酒精半是牛奶的那一盘。

"梦中协助者"的实验

这三个梦例有一个共同的地方，病人都将医生生活上的某些经验或想法，"投"到自己的梦中，和自己的梦景"交织"在一起，可以说是另一种形态的"心电感应之梦"或"透视之梦"。

谈到这里，读者们也许已发现，前面所说的各种灵异之梦，不管是心电感应、透视或预知，有相当高的比例都是"梦见别人的事"，换句话说，是在"替别人做梦"。如果一个人在白天或入睡前能经常想起"某人",那么会不会"日有所思"而"夜有所梦"——梦见和"某人"相关而又属我们不可能知道的事呢？弗吉尼亚大学的行为医学教授卡斯尔（R.Vande Castle）和心理辅导者里德（H.Reed）想到这个问题，而着手进行一种所谓"梦中协助者的实验"。他们要一群人有意地去梦见某个人及他所面对的问题（但并未向他们说明是什么问题），结果发现，这些人的梦经常有令人惊讶的类似主题。

譬如在一次实验里，梦对象是一位妇人，"梦中协助者"在有意地冥想后，第二天早上一一报告他们所做的梦，结果发现，这些人的梦境里一再出现与水有关的景象，这个妇人终于坦白说出她对水有畏惧症。卡斯尔和里德鼓励这位妇人就每个"梦中协助者"的梦境加以联想，去找出她对水产生畏惧的成因，并从而获得重新学习游泳的勇气。

又譬如有一位少女，她想要转学，换换环境，但却不知道该转到什么学院及改读什么科系，在迷惘中，她加入了里德创立的团体。里德要其他会员冥想这位少女的问题，然后回去做梦，但奇怪的是，大家所报告的梦境与学校或学业都没有关系，反而与社会所不容的性行为较有关系。原来这位少女跟一位有妇之夫有染，当大家一一向这位少女报告他们

"为她"做了什么梦后，她终于明白自己所面对的难题并不是要转学或转系的问题，而是她是否要和她的爱人继续在一起的问题，她决定和那位有妇之夫终止关系，到别的地方去追寻另一个人生。

古往今来的"灵异之梦"还有很多，例子就举到这里为止，下面两章我们将分别从心理学及科学的角度来"解析"或"检视"这些梦。

第二十章
灵异之梦的心理学解释

看了前面两章的梦例介绍，读者也许已获得一个印象，认为作为"第二种存在"的梦，的确是我们获得"第三种知识"的一个重要途径，"第三种知识"有别于白天清醒时我们所拥有的"理性之知"与"感性之知"。如果真的是这样，那我们要如何解释这些现象呢？本章将先提出部分心理学的解释，这些解释颇具杀伤力，主要是用来破解某些"灵异之梦"的。

很不幸的，我们必须在这里指出，有相当多的"灵异之梦"是来自当事者"善意的错记"，也就是它们的"灵异性"，主要是来自当事者"记忆的扭曲"（当然，也有很多纯粹是来自"恶意的谎言"，这一部分我们就不必浪费笔墨去讨论它）。

经过调查的一起怪梦

英国"灵学研究会"曾报告过一个被认为是"毫无疑义"

的灵异梦例，做梦者是英国高等法院中声望很高的一位老法官霍恩比爵士，一八八四年，他从司法界退休后，看到"灵学研究会"在报上刊登的征求"神秘经验谈"的启事，而主动提供了如下的神秘经验：

一八七五年一月十九日晚上，霍恩比晚饭后在书房里写一份明日将判决的某个案件的判决书摘要，这份摘要是要给某报的记者 A 先生。写完摘要，他将它装在一个信封里，要用人送去给 A 先生（当时的报纸，从拿到稿子至刊出，至少需二十四小时的时间，所以霍恩比给 A 先生的判决文摘要，等到报纸刊出时，他已在法院做完了判决）。

当天晚上入睡后，霍恩比听到有人在敲门，原以为是用人来查看暖炉的火，就叫他进来，但蒙眬中他看到进来的是 A 先生。霍恩比非常不悦，对 A 先生说："我的用人在晚上十一点半已将判决文摘要送去给你了，你回去看吧！"但看起来脸色有点苍白的 A 先生却只是一再道歉而赖着不走，他说："时间很紧迫，请你口述判决摘要，我记在我的笔记本上。"说着就掏出一本笔记本。霍恩比看看钟，时间是凌晨一点二十分左右，他怕吵醒太太，只好将判决摘要口述一遍，A 先生则忙着速记。最后，霍恩比说："这是我最后一次让一名记者闯进我的房间来。"而 A 先生竟然也说："这也是我最后一次和你见面。"他在抄完摘要后，就告辞了。

整个经过如梦似幻（霍恩比说，他太太后来醒来，说她好像听到他在和人说话）。第二天，霍恩比到法院，法院的人进来帮他穿法袍时，说某报社跑法院新闻的记者 A 先生在昨天深夜去世了。霍恩比心里一惊，在追问之下才知道 A 先生昨晚在他的房间里写稿，他太太在凌晨一点半去看他时，发现他已经死了，笔记本掉在地板上。医生研判 A 先生可能是死于猝发性心脏病，死亡时间约为凌晨一点。霍恩比借来 A 先生掉落的笔记本，发现上面写着："最高法院的首席法官今早对本案作如下的判决……"接下来则是一些看不清楚、潦草的速记笔迹。

霍恩比觉得此事太过蹊跷，他派了人去验尸，并查询 A 先生的太太及用人，求证 A 先生当晚是否外出。调查报告说，A 先生是死于某种心脏病，当晚他并未外出。

霍恩比在他的自述里说，因为不想让社会对他的此一神秘经验做过多的揣测，所以当时他只告诉他太太及一两个知心友人。直到多年后，才将这件事公之于世。

是"记忆扭曲"在作怪

霍恩比如梦似幻般的经验，有点类似《三梦记》中刘幽求夫妻及"灵学研究会"那一对威蒙夫妻的遭遇，但比前两者都要来得"可信"，因为不仅有人证、物证，还经过调查，而霍恩比的身份及他多年"隐忍不言"的苦心，更使我们相信他没有任何"说谎"的余地。但当时有一位姓巴福的仁兄，看了霍恩比的经验谈报告后，在好奇心的驱使下，展开了调查工作。他发现在霍恩比的描述中被隐名的 A 先生，真实姓名叫休朗·尼文斯，是《上海快报》（一份在上海发行的英文报）的编辑，他确实是死于一八七五年一月二十日。但其他细节却与霍恩比所言有很大的出入：第一，尼文斯是死于早上九点，而非凌晨一点；第二，在尼文斯死后，法院并未为他的死亡展开调查；第三，霍恩比是在尼文斯死后几个月才结婚的。这些证据使得霍恩比言之凿凿的神秘经验像骨牌一般倒塌，成了十足的"痴人说梦"。

但霍恩比也不太可能空口说白话，更可能的原因是在尼文斯死后，而他自己也结婚之后，他做了类似上述的一个梦，事隔多年，梦与事实的先后顺序模糊了，在看到"灵学研究会"征求神秘经验谈的启事时，不太可靠的记忆使他误认为自己确实有过神秘经验。

弗洛伊德与狄更斯的"错记"

　　除非是你每天将前晚所做的梦都标明日期记下来，否则难免会在梦境与真实事件之间产生时间上的混淆。这种混淆连弗洛伊德都不能免。弗氏在《梦的解析》里提到自己的一个梦，他说"在我父亲葬礼的前一晚，我做了一个梦……"（梦的内容等一下再说），但我们看他在《梦的解析》出版的三年前，写给其挚友弗利斯（W.Fliess）的信里也提到这个梦，但他却说："我必须告诉你在我父亲葬礼之后那晚所做的一个好梦……"弗氏的这个梦到底是在父亲葬礼"之前"还是"之后"所做的呢？恐怕连他自己都无法肯定。弗氏这个梦如果不涉及灵异，差一天也许没有大碍，但对涉及灵异的梦，若是在事件发生之后才有的，等于整个推翻了它的基础。

　　小说家狄更斯（C.Dickens）有写日记的习惯，而且会在日记里记录他的梦。他的日记告诉我们，有一晚他在梦中见到一个穿红披肩的陌生女子，她自我介绍说是纳匹亚小姐。狄更斯醒来后感到不解，因为他根本不晓得有什么姓纳匹亚的小姐，也不认识有什么喜欢穿披肩的女人。几天后，在他的作品朗读会之后，一群崇拜他的读者跑到后台来找他，在人群中，他竟发现那个在梦中看到的红披肩女郎，而她真的就叫纳匹亚。

有日记为证，这应该是个"预知之梦"了吧！但我们看狄更斯的日记，发现他是在后台遇到纳匹亚小姐"之后"，才在日记里记录他"几天前"做过那个梦的，也就是说，这个"预知之梦"是回溯性的。绝大多数的人都是在外在事件发生之后，才"想起"自己昨晚或以前做过"这个梦"，但这种对梦内容的回溯性记忆，比刚刚所说的时间先后问题，有更大的扭曲性。

弗洛伊德在写给弗利斯的信里说："（在父亲葬礼之后的那晚）我梦见在某个地方读到这样的文字：'你被要求闭上双眼。'我立刻认出那是我每天都要去光顾的理发店。"

但在《梦的解析》里，他却说："（在父亲葬礼之前的那晚）我梦见看到一张印刷布告——类似张贴在火车站等候室的海报，上面的句子看起来是'你被要求闭起双眼'，但也像'你被要求闭起一只眼睛'。"

这两段梦叙述颇有出入（会产生不同的解释，此处就不谈了），读者难免会问："弗洛伊德是在写小说，还是在客观地描述梦境？"但我觉得弗氏已经尽他最大的努力了，因为事实上，没有一个人能"客观描述"他的梦！哲学家柏格森（H.Bergson）说："过去的影像一直与来自现在的新的知觉经验交织在一起，最后甚至可能取代了以前的影像。"

梦是一种主观的体验，当我们描述它时，就已开始扭曲它了。"梦实验室"的研究显示，当一个人的脑电波呈现进入 REM 睡眠期后，叫醒他，要他报告"当下"所做的梦（录音记录），然后受测者再入睡，第二天醒来，再要他报告昨晚所做的梦，则两者在情节上已有相当多的出入。

没有人能确知狄更斯在几天前所做的梦，"真正的情节"是什么，他的回溯又包含了多少记忆扭曲的成分。

背后隐藏着幽微的心理动因

有时候，觉得自己昨晚或更早以前做过"这个梦"，还会有其他的心理动因。

弗洛伊德有一个女病人，"梦见她在某街某店门口遇到一个好朋友，是她从前的家庭医生。第二天早上出去逛街，恰恰就在那儿遇见了他，好似梦境重演"。这似乎是个典型的"预知之梦"。但在弗洛伊德的详细查问下，他发现这位女病人从早上起床到与老医生相遇之前，都"没有昨夜做过此梦的印象"，是在遇到老医生之时，一看到他，便认为自己昨夜曾梦过这次相遇。弗洛伊德说："她实际上有没有做过那个梦，并不要紧。分析的重点在于她为什么会想起来。"分析的结果如下：原来这位女病人多年前在医生家里认识某位男士，两人一见钟情。多年来，两人一直来往，而就在做梦的前一天晚上，她空等他到深夜，但希望却落空了。弗氏说："由于在此不便报告的种种详情，我很快就了解，看到这位老医生而发生那个预言性的梦幻觉，她的意思等于是说：'啊，医生，你让我想起了旧日时光，那时他多看重我们的约会，那时我总不会白等的。'"

对旧日美好时光的熟悉感，在遇到老医生时一下子浮现，想"重温旧梦"的念头"转移"成她在梦中与老医生相遇的想法。

也有些人在初次到某个地方时，会觉得"似曾相识"，觉得那里的一草一木都非常熟悉，好像在"梦中来过"。这种对"景物"的熟悉感，也可能是对另一种受潜抑的心思的"转移"。弗洛伊德另有一个女病人，对十二岁时所发生的一件怪事一直无法忘怀，当年她到乡下拜访某位同学，一进她家庭院就觉得以前曾经来过，进入客厅后，这种感觉更加强烈，但她确实是未曾来过这里。弗洛伊德在他高明的分析里指出，这种"熟悉感"其实是来自另一种"熟悉感"。原来这位同学有个病得很重，而且不久人世的弟弟（病人在拜访她家时已知此事），而病人自己唯一的弟弟在几个月前曾患恶性白喉，她因此而被送到远方亲戚家隔离，被迫离家的她也许有过期望弟弟死亡的念头，但这个念头被潜抑了。在拜访同学家时，知道对方也有个病得快死的弟弟时（后来她也看到他了），她可能模糊地想起自己在几个月前也有类似经验，但意识无法承认这点，于是这种熟悉感就"转移"为对花园、房子的熟悉感。

梦是"想"，在某些幽微的心理动因下，我们会"幻想"我们做过某个梦。

前瞻性思考与潜意识的洞察力

科幻小说作家阿西莫夫，在一九五二年就相当精确地描述了"太空漫步"的情景，比真正的太空漫步早了十三年。但没有人说阿西莫夫具有"预知能力"，大家觉得这是"合理的推测"，因为人是具有"前瞻性思考"的生物。梦见亲人的死亡，譬如前述那位来自西班牙的精神科医生，想起在故乡的父亲还有他过胖的体重，心中浮现"他可能死于中风"

的想法，这是"合理的担忧"，而这种担忧被编入梦中，也是合情合理的。

除了"前瞻性思考"外，我们还需考虑梦中的"潜意识洞察力"，这种洞察力又可分为生理与心理两种。哈费德医生在《梦与梦魇》一书里，就提到一个可能两者兼而有之的"预知之梦"：

有一个病人数次梦见自己的手臂及嘴巴因麻痹而成一种痉挛状态。几个月后，他的梦境成真，当他在修理收音机时，忽然产生局部麻痹的现象。后来发现，他的麻痹现象是梅毒的并发症，令人感兴趣的是，病人为什么能在几个月前就在梦中出现梅毒并发症的警兆呢？从生理上来看，梅毒是隐伏进行的，外表虽看不出来，但他的动脉也许已受到破坏，以前在夜梦中曾经受到一些轻微的袭击而产生此梦。从心理上来说，病人心中也许已有染患梅毒的隐忧，在梦中，这些隐忧活跃起来，成为预示他疾病的先兆。前面我们提过，生理刺激可以成为梦的材料与来源，在夜梦中，我们对外在刺激的敏感性减弱，对来自内在器官的刺激反而较敏感，荣格认为梦可以"唤起我们对身体初期不健康状态的注意"，说的就是这种情形。

弗洛姆也提到一个含有心理洞察力的"预知之梦"：

有一次，A与B见面，讨论彼此在未来事业上的合作。A对B的印象很好，因此决定把B当作自己事业上的伙伴。见面后当晚，A做了下面这个梦："我看见B坐在我们合用的办公室内，他正在翻阅账簿，并窜改账簿上的一些数字，以便掩饰他挪用大量公款的事实。"

A醒来之后，觉得这个梦是他对B的敌意及疑心在作祟，于是他忽视这个梦，而和B正式合作生意。一年后，A发现B真的擅自侵占大量公款，并以账簿的虚假记载来掩饰此种行为。弗洛姆认为梦中的预言性质可能表示A与B初次相见时，对B的洞察力。我们对一个人的印象常常不像我们所愿意相信的那样单纯，A直觉地认为B是一个不诚实的人，但B的外在形象却又给A非常良好的印象，他遂压抑"B是不诚实"的不好想法（开始就怀疑别人总是不太好的），这个压抑的念头难以在清醒思维时浮现，但却在夜梦中大肆活动，而产生了有预言性质的梦境。

梦成了自我兑现的预言

一个过于在意梦所提供的"第三种知识"的人，也有可能使梦成为"自我兑现的预言"（Self-fulfillment prophecy）。

《聊斋志异》里有一则《牛飞》说：乡人某甲买了一头牛，颇为健壮。有一天晚上，某甲梦见牛长了翅膀飞走了，他醒来觉得这是个不祥的梦，怀疑将有所丧失，于是牵牛到市场折价出售。他将售得的银两用布巾包裹缠绕在臂上，在回家的途中，看到路旁有一只老鹰正在吃死兔的腐肉。某甲走近前，老鹰很温驯，并不飞离，于是他就以布巾绑住老鹰的腿股，再缠绕在自己的臂上，继续往回家的路走。被缚的老鹰沿途一再摆动扑打，某甲稍不注意，老鹰竟带着包有银两的布巾飞上天去。

表面上看来，"牛长了翅膀飞走"的梦中预言果然象征性地兑现了，但如果某甲不认为这个梦不祥而卖牛，牛又怎么可能飞走呢？我们可以说，这是某甲受了梦的暗示，而自己兑现了那个预言。

清代笔记小说《秋灯丛话》里，另有一则有关清初大儒朱竹垞（《明史》的编修）的故事。朱竹垞很喜欢吃鸭肉，年轻时候曾梦见自己行经郊外时，看到一个大水池，池中蓄养了好几千只鸭子，在一旁看守的童子对他说："这是先生您一生的食料。"后来朱竹垞八十一岁时，因生小病而卧床休息，又梦见回到年轻时代梦过的那个大水池边，结果发现水池里只剩下两只鸭子。他醒来后，觉得不祥，告诫家人不可再烹杀鸭子。想不到女儿刚好回来探病，她知道父亲喜吃鸭肉，就在家里宰了两只，特地带来孝敬父亲。朱竹垞看到那两只煮熟的鸭子，叹道："我的食禄就到这里结束了吗？"当天晚上，他就死了。

这也是"自我兑现的预言"，朱竹垞深信梦中的预言，而告诫家人勿再杀鸭，但"人算不如天算"，看到女儿送来的两只鸭子，他的"心理防线"崩溃了，也许就是这样，而使他的病情恶化，一命呜呼。

"巧合"中的心理因素

"巧合"看来似乎是个数学上的概率问题，但若有心理因素介入，则也会变成心理问题。人们常说："天下哪有那么巧的事？"但多数人都忽略了下面这个数学问题：就个人来说，一个人每晚做五六个梦，一生会做十万个以上的梦，这十万多个梦有一两个与外在事件、情景或他人想法"若合符节"，其概率并非"微乎其微"。就所有人来说，每天晚上有几十亿个人在做梦，在这"几百亿"个梦中，若有几个梦和"明天发生"的事"若合符节"，其概率更是增加了很多。这种概率若再加上"随个人心意"的解释，就如虎添翼。

明代张瀚在他的《松窗梦语》里，提到他的两个"预知之梦"：一次是在当诸生时，梦见一个青面鬼给他一双红鞋，里面题有"三十六名"，后来参加乡试上榜，排第"四十九名"。又一次是乡试后赴京参加京试，梦见一个人给他十个一文的青钱，对他说将十个铜板丢到地上，出现背面较多的就能上榜。他在梦中掷了两次，一次出现六个背面，另一次出现七个背面，那人说："丢出这样的数目，已经足够了。"结果他京试也上榜，排第"四十二名"。

张瀚说："一以四九，一以六七，数皆暗合。"但所谓的"暗合"，第一次是将真实的名次"四十九"拆开来，以四乘九，得到梦中的"三十六"。而第二次则是以梦中的六乘以七，得到真实的名次"四十二"。两次的计算方式是完全相反，其法则纯然是"运用之妙，存乎一心"的心理法则。其实，张瀚乡试名次若是第九、三、十八、二名（将梦中的六和三以加、减、乘、除"运算"的结果），他恐怕也会认为"暗合"。只要是"存心相信"，我们总能够找出梦境与真实"暗合"的蛛丝马迹。

我们一生所做的梦中，有一些会涉及外在真实世界的人物（包括自己）及事件，就说千分之一好了，但多数人总津津乐道于一两次偶然的巧合，而轻易遗忘其他一千个失败的预言或感应，这种"选择性的认知"多少反映了一个人的人格与对生命的基本态度。

第二十一章

灵异之梦的实验与理论

　　心理学只能解释部分的灵异之梦，而且它的解释，循的是普通"释梦"的"软调"手法，并不能成为"灵异之梦不存在"的否证。本章要介绍的则是较符合当今科学模式的"硬调"手法和观点。

梦里传真——心电感应的实验

　　首先，我们必须求证是否有可以"现场观察"的灵异之梦。方法其实也很简单，就是把人带到实验室里来做梦。二十世纪五十年代，科学家发现 REM 睡眠期，确知某人做梦的时刻后，前述的乌尔曼博士即利用这个发现，在他的"梦实验室"首开风气，做了一系列的实验，他观察的是"心电感应之梦"。

　　每组实验都有 A、B 两人，实验时，B 在一个有隔音设备的房间里睡觉，头上和眼角装上电极，记录他的脑电波和眼球运动。A 则在另一个房间里，打开一个密封的信封（A 和 B 事先都不知道信封里装的是什么），里面是一张画，A 全神贯注在这张画上，并希望能将他所想的传递给在另一个房间熟睡的 B。当脑电波图显示 B 已进入 REM 睡眠期在做梦之后，就摇醒他，要他报告梦境，判读他所做的梦和 A 所注视的画内容是否有所关联。

下面就是两个实验：

一、A 从信封里掏出来的画是达利（S.Dali，超现实主义画家）的《最后晚餐的圣礼》（见图），耶稣坐在一张桌子的中央，旁边是他的十二个门徒，桌上有一瓶酒和一块面包。在远方可以看到海水及一艘渔船。

B 自述他所做的第一个梦境如下："梦中有海洋的景色……它有一种奇异的美，构图也很奇特。"

第二个梦："一条小船出现在我的心中，是渔船……它使我想到在海客饭店所看到的一幅画，那是一幅很大的画，看起来有十来个人正在将一条出海回来的渔船拉上岸。"

第三个梦："我正在看一份礼品目录……那是圣诞节的礼品目录，圣诞节已经到了。"

第四个梦："我做了一个关于医学的短梦……我正和某人谈话……讨论医生为什么会成为医生或者这一类的事。"

B 对上述这几个梦的自由联想是：

"……渔夫的梦让我想起地中海一带，可能是圣经时代的景象。现在我联想到鱼，还有一块块的食物，要供很多人吃的食物……我又想到圣诞节……和海有关——水、渔夫，这一类的事情。"

二、A 从信封里掏出来的画是德加（Degas，印象派画家）的《舞蹈教室》（见图），画面上是一间大型、灯光朦胧的房间，有一个舞蹈班正在练习，几个穿着白色芭蕾舞衣的少女摆出跳舞的姿势，另有些则在整理她们的服装。

B 自述他所做的第一个梦如下："一个聚会，有一群人……这群人像在集会或为了某事而聚在一起。"

第二个梦："我觉得自己置身于一间屋子中……一间很大的屋子，像是大厦之类的屋子，我在其中的一个房间里，天花板很高，装饰得富丽堂皇。"

第三个梦："有一个女孩在房间里，一栋古老的屋子，一栋大厦，也许是十九世纪的。"

第四个梦："我在一间教堂里，教堂里有六七个人。每隔一段时间就会有一个人起来做背诵或朗读之类的事，老师——是个年轻的女人，长得很迷人。我觉得它像一所学校，但却说不出这些人到底在干什么。"

第五个梦:"我已准备上床,但有访客上门……我记得我说:'我也要去,让我穿件衣服。'于是我穿上裤子,找到一件衬衫,这件衬衫还没有开封,衬衫的扣子似乎都系在一个标签上。我正在读说明书研究如何将它们扣上时……一个小女孩走过来邀我共舞。我因为想将这件鬼衬衫穿上,而没有注意到她的出现。"

B对当晚所做的梦的联想是:

"梦中我想穿上的衬衫使我想起昨天的事,我在冷泉港散步,在一家店里,我看到整个橱窗摆满了女用长筒袜。"

从这两个实验看来,受测者所做的几个梦,似乎都围绕着两张名画的内容在打转。为求客观,乌尔曼博士将一系列描述梦境的录音带,与冥想时所用的图画,分别请三个人在"梦"与"画"间配对,结果判断对与判断错的比优于一百比一,这个统计数字显示了实验的意义,也就是说人在梦中可以"感应"别人所传递的讯息。

这个庞大的实验还显示,受测者双方如有亲密的情感关系,那么"梦"与"画"间的相关性要比两个陌生人之间的实验高得多。当"观画者"是男性时,女性在梦中的"感应力"较强。有一次实验,乌尔曼博士找到一对同卵双胞胎,让他们同时"接收"另一个房间内"观画者"的讯息,结果这对双胞胎所做的梦异乎寻常的相近。实验也显示有些人的感应力较强，但有些人则较弱。

初步的实验结果虽然令人鼓舞，但后续的实验却是每况愈下。

追踪预知之梦的"预警办公室"

要做"预知之梦"的科学观察，也许不需将人带到实验室来做梦，只需成立一个有公信力的"预报中心"，收集各种被做梦者认为具有预知性质的梦，然后再加以求证它们是否应验，就可知道真相如何。

一九六七年，英国的精神科医生巴克（J.C.Barker）与科学记者费尔利（P.Fairley）就在伦敦成立了这样一个"预警办公室"（Premonitous Bureau），希望有心人能提供他们的"预知之梦"。这个办公室的成立来自巴克医生的一次经历：

一九六六年十月二十一日早上九点十五分左右，英国发生了有史以来最恐怖的大灾难，威尔士的一个大矿山崩塌，煤堆从山上滚落，将艾伯凡的一个小村庄埋进煤堆里，造成一百四十四人死亡，最惨的是其中一百二十八名死者是当地小学的学生，滚落的煤堆将他们活活压死，学校本身也受到严重的破坏。巴克医生在第二天抵达灾区，目睹巨变后的悲惨情景，他想这场浩劫来得太异乎寻常了，事情已经发生，以这个特例来研究"预知"也许是个好机会，于是他立刻通过传播媒体，要求在灾难发生前有预感的人和他联络，结果有二百个人表示他们事先有预感。巴克医生就一一加以记录，这可能也是有史以来有关"预知"的最丰富的资料。

他一共接到七十六份报告，其中有二十二份还附加有第三者说做梦者在浩劫发生之前确曾告诉第三者他做过不祥之梦的证言。其中一份报告如下：

一个十岁的女学生（资料来自她的母亲）在灾难发生前两个礼拜，忽然对她妈妈说："妈咪，我不怕死。"她妈妈回答说："你为什么会想到死呢？你还这么年轻，你要不要棒棒糖？""不要，"小女孩说，"但我会和彼得及琼恩（她同学）在一起。"灾难发生的前一天，她又告诉妈妈说："妈咪，我昨天晚上做了一个梦。"她妈妈说："乖宝宝，我现在没有时间，等一下再告诉我。"小女孩说："不，妈咪，你一定要听，我梦见我到学校去，但学校却不见了，有黑黑的东西把它盖住了。"第二天，她像以前那样快快乐乐地到学校去，不久就发生了惨剧。在煤堆里，她尸首的一边躺着彼得，另一边躺着琼恩。

这些虽是"事后的追述"，但巴克医生心想，如果"这是真的"，那么成立一个预警中心，宁可信其有、不可信其无地未雨绸缪，岂不是可以挽回众多人的生命？这就是他成立"预警办公室"的初衷。第二年，纽约也成立了一个同样的"预警办公室"。两个办公室都曾经有过"几个"确实具有"预知"性质的梦例。譬如纽约的"预警办公室"在一九六九年春天，接到一个纽约市民的"报案"，他说他梦见一架轻型飞机坠毁，机身号码好像是 N129N 或 N429N 或 N29N。同一年夏天，一架机号 N3149X 的轻型飞机坠毁，马西阿诺（R. Marciano）丧生。

看了前两章"预知之梦"的读者，再看到这份报告后，也许会感到失望，但更令人大失所望的是，两个办公室所收集的"预知之梦"，事后证明绝大多数都属"杞人之忧""无稽之谈"。巴克的"预警办公室"头一年收到五百份报告，事后求证，"接近"预知的只有十八件（上面所举的算是"极为接近"）。但随后几年，接到的报告虽然加倍增长，不过"应验"的却"几乎为零"。

"透视之梦"的实验

关于"透视之梦",加利福尼亚大学的心理学家塔特(C.Tart)做过如下的一个实验:受测者是一个二十岁出头的年轻女性,这位女性自称从小时候起,每个礼拜都有二到四次"灵魂出窍"的经验(在睡觉时)。她会从梦中醒来,发现自己飘浮在天花板处,看着下面正在睡觉的自己的躯体。塔特将她带到实验室,在她睡觉前装上测定脑电波的装备,并在屋内近天花板处放一个架子,架子上摆一个能显示出任意五位数字的电钟。在实验的第四天晚上,她正确地说出电钟上的数字——"二五一三二",同时也表明了她飘浮上天花板的时刻。检查她在那一段时刻的脑电图,发现图样相当奇特,连"睡眠研究"的泰斗之一德门特也无法分辨她当时的脑电图"是睡是醒"。

这位女士自我描述说:"我发现自己飘浮在近天花板处,看着下面正在睡觉的自己的躯体",这跟传统的"魂游派"观念颇为近似,不过就我所知,在众多的"透视之梦"实验中,看起来"好像有那么一回事"的也只有这个例子而已。

宁可信其有，不可信其无？

整体说来，梦中的超感官知觉——心电感应、预知、透视等，在以我们现在所熟知的科学方法加以验证时，它们的结果并不如一般人期待中的那么"辉煌"，甚至可以说是相当虚无缥缈的。

虽然这些研究者都深信"超自然是我们尚未了解的自然"，但上述的"科学实验"是否是我们理解宇宙万象的唯一方法，却颇有商榷的余地。用望远镜无法看到细胞，这并不表示细胞就不存在，而是使用的工具不对的关系。灵异之梦跟一般"科学事件"最少有下列几点不同：第一，就现象而言，它是散见性的，什么时候出现，几乎无规律可循，有的人一生只发生过那么一次。第二，就做梦者而言，它可能来自因人而异的禀赋，譬如荣格一生做过不少灵异之梦，但弗洛伊德却一个也没"梦见过"，他有点揶揄地将此归之为"自己未获得上帝的荣宠"。也许某些人确实得到上苍的青睐，在这方面有不同于常人的"慧根"。世界各知名研究所所做的超感官知觉实验，大多显示"灵媒"具有比常人高的超感官知觉力。第三，就情境而言，它可能只有在某些特异性的情境下才会出现。能够灵犀相通的常是亲人、至友或与精神科医生"深入谈心"的病人，而且感应到的常是死亡、灾难等有"感情负荷"的事件。

以研究者"观察方便"为着眼点的"实验室条件"，在"散见性"与"特异性"方面的考量，显然有着严重的漏失。因此，即使科学实验无法证明灵异之梦的存在，一般人还是抱着"宁可信其有，不可信其无"的看法。

各种可能的理论、假说

有人越过"有"与"无"的争论，想直接赋予灵异之梦可能有的理论基础。也就是说，如果灵异之梦"存在"，那它们是凭借什么样的机转而产生的？

对于心电感应之梦，最常被提到的是物理学里的"电磁场理论"。英国"灵学研究会"的早期会员马克·吐温说："我们的思想是一种很致密的电流，能够穿越大气，在脑与脑间彼此传递。"这种说法看来言之成理，但一九六三年，苏联的瓦西里耶夫（Vasiliev）将受测者关在一个对任何已知的"波"都绝缘的小房间内，但他仍能"感应"一段距离外的"标的物"，"电磁场理论"似乎无法解释这种现象。二十世纪七十年代，又有人尝试以"量子理论"来解释心电感应，譬如一九七三年的诺贝尔物理奖得主约瑟夫森（B.Josephson）就认为，如果两个物理体系在过去是相连在一起的话，那么在它们分开后，随后的行为表现间仍将有某种关联性。也就是说，在某些条件下，某种超越空间（距离）的沟通方式是可能的。但目前这只是一种理论，尚未获得证实，而所谓的"某些条件"也一直混沌不清。

对于透视与预知之梦，最常被提到的是"存在转移"的理论。譬如艾林瓦德就认为，人平常存在于"欧几里得层面"，但有时会转移到"非欧几里得的世界"，在那里没有时、空、因由的限制，过去、现在与未来都融合在一起，艾林瓦德说，这种转移有利于预知、透视与心电感应的产生，经由催眠、迷神药物、超觉静坐、梦等，可以产生这种转移。"存在转移"的理论在科幻小说中常以"时光隧道"的方式出现（例如张系国的科幻小说《倾城之恋》），既然走进时光隧道里，可以"感应"他时他处发生的事情，也就不足为奇了。但这个理论似乎太玄了一点。

荣格与诺贝尔物理奖得主泡利（W.Pauli）则共同提出"同步化"的学说，他们认为，自然界事物间的关系，特别是"心"与"物"间的关系，也有不遵循因果定律的，打破我们所熟知的时间上的先后顺序，一个人主观的心灵状态可与外在客观事件相一致，甚至稍微提前发生，特别是在有感情负荷的气氛下。这跟哲学家斯宾诺莎所说"自然与心灵之间有预先设立的和谐"有着异曲同工之妙。

炙热的心，渺茫的希望

理论很多，但这正表示没有一个理想的理论架构。要过早地否定人类有"第二种存在"，而且可以从中获得"第三种知识"，对多数的人来说，乃是一件"痛苦"的事。也许我们只能怀抱炙热的心以及渺茫的希望，等待它们水落石出的一天。

06

[第六篇]

梦醒之后

第二十二章
如何看待你的梦

追求意义，使我们倾向于唯心梦观

　　梦里人生占了人生的十五分之一，据保守估计，在这"另一种人生"里，我们至少做了十万个梦，虽然大多数的梦都在我们醒来后忘得一干二净，但仍有不少的梦给我们留下相当深刻的印象。

　　在第一章介绍古今中外的十大梦观时，我们曾经提到其中的魂游派、天启派、超感派属"唯灵梦观"，日思派、情结派与洞识派属"唯心梦观"，而刺激派、幻觉派、清扫派与程式派则属"唯物梦观"。如果我们承认，真实人生的样貌丰富而多变，唯灵、唯心或唯物主义都无法单一地对它做详实的描述，那么作为"第二种人生"的梦，当然也不例外。

　　但就像多数人在描述真实人生时会倾向于唯心论，认为一个人的人生是他在善与恶、理想与欲望、尊严与羞辱、理性与感性之间所做的抉择般，多数人也认为梦是在反映一个人的人格或心理状态，美国文豪爱默生说"巧人读梦以了解自我"，正代表此一观点。

这当然有部分的真实性，但我们也不得不承认，每一个人在梦中都比在真实人生里更加"身不由己"。弗洛伊德说："梦是通往潜意识的辉煌大道。"弗氏提出潜意识及梦运作的诸般理论，尝试找出主导荒谬梦境的合理梦思，在唯物主义大行其道时，重新揭示了梦的"自主性"与"意义性"。这种人文主义精神固然值得喝彩，但我们也不得不承认，弗洛伊德的精神分析学、荣格的分析心理学，乃至所有的唯心梦观，仍不足以解释所有的梦。

无可讳言，我花了大量笔墨介绍唯心梦观，这当然涉及梦的"意义性"问题，但追求意义并不能成为我们漠视科学事实的借口。事实上，我是觉得只有建立在科学根基上的意义才是经得起考验的"意义"，这也是我一方面花大量篇幅去介绍"灵异之梦"，但又提出种种反证的主要原因。

划清梦的科学面与哲学面

我们在讨论梦时，应充分清楚它的科学面与哲学面，在实验室里，借脑电图仪及其他仪器之助，来记录各种可观察、可反复验证的变化，这是梦的"科学观察"。而梦的解析工作，不管是用什么方法企图向他人阐释"梦的意义"，都是一种哲学，因为所谓"意义"是哲学的范畴。

弗洛伊德在《梦的解析》里，曾提到他的弟子费伦齐所报告的一个梦例：一位老绅士因为在睡梦中放声大笑，而吵醒身边的太太，太太问他在笑什么，老绅士说他刚刚做了一个梦："我躺在床上，一位我认识的绅士走入房中。我想把灯点亮，但却办不到。我一次又一次地尝试，但都不成功。然后你从床上下来帮助我，但你也一样办不到，由于你穿着睡衣在外人面前觉得不好意思，所以你只好又回到床上去。这一切是那么好笑，所以我忍不住大笑。你在旁边问我：'你笑什么？你在笑什么？'但我还是一直大笑，直到醒来。"

其实这个梦一点也不好笑，但做梦者却在梦中"大笑不停"，以致把太太吵醒。弗洛伊德根据当事者的个人生活资料，做了如下的解释：原来这位老先生患有动脉硬化症，在做梦前一天，他的脑海中可能浮现死亡的意识。而在入睡前，他尝试和太太性交，不过却失败了。梦中进入房间的那位绅士可能是"死亡"的象征——死神已经接近了，他想再点燃生命之光（把灯开亮），但却无法如愿。另外，生命之光也有性能力的含意，他太太所穿的睡衣暗示了她对他性无能的宽怀和谅解，她从旁协助，想帮他"扭亮生命之灯"，但也一样办不到。这个梦的隐意充满了死亡与忧郁思想，但却经过伪装，应该有的"哭泣与哀伤"被不可抑制的"大笑"所置换，弗洛伊德说这种过分夸大的"大笑"，乃是因潜抑而来的情感倒置。

弗洛伊德的解释看似合情合理，但我们不要忘了，这是一种哲学式的解释。在介绍"清醒梦"（第十一章）时，我们曾提到一个实验，研究者发现即使能随心所欲编织梦境的清醒梦者，也无法在梦中"点燃"或"扭亮"灯光。如果比较"科学"地说的话，那位老绅士无法"把灯点亮"（在梦中，他太太也办不到），是在显现人类"梦能力"的极限，它是任何人都无法在梦中办到的。

即使有了这种科学认识，也并无碍我们对梦做上述的哲学解释。只是我们必须认清楚，释梦在本质上是一种"社会文化活动"，而非"科学活动"。

以欣赏、赞叹的眼光看梦

基于这种认识，我觉得我们对梦最好能把握下面三个原则：

1. 不要对梦做过度的解释

印第安人梦见神父偷了他田里的南瓜，就气冲冲地要去控告那位神父；而阿散蒂人梦见自己的妻子和别的男人苟合，就认为妻子犯了通奸罪。这都是"梦乃是灵魂出游"的梦观所衍生出来的过度解释。

一般说来，唯灵梦观特别容易对梦做过度解释，前文说的清初大儒朱竹垞梦见"池塘里只剩下两只鸭子"，当天他女儿送来两只煮熟的鸭子，他深觉不祥，结果竟一命呜呼（详见第二十章），这也是太执着于梦中的天启，过度解释的结果。

事实上，唯心色彩的梦观也常对梦做过度解释。刚刚提到的那位老绅士"点亮生命之灯"的梦，弗洛伊德就对它做了过度的解释。过度解释是很难避免的一件事，如何"适可而止"全靠个人的理性思考。譬如你梦见你和老板发生严重的争吵，唯心梦观可能会告诉你，这表示你在潜意识里讨厌你目前的这份工作，你对老板有潜在的攻击欲望。但是在你想要"听从"潜意识之声前，你最好平心静气地想一想：这是不是一种"过度解释"？这种"解释"跟医生在量了你的血压后说"你的头痛是因高血压而引起的"是很不一样的。

2. 不要对梦做唯一的解释

古代的释梦天书像解读密码般，单独分离出梦境中的某个东西，然后说它代表什么，这种无视梦境整体结构的释梦法，我们只能将之视为人类心智发展过程中必经的幼稚阶段，只有历史的价值，而缺少现代的意义。用这种"一个萝卜一个洞"的方式去释梦，才是真正的荒谬。

合理的释梦不仅要顾及梦境的整体结构，而且还需考虑当事者的背景资料、最近的生活状况等，甚至还需仰赖当事者对梦境做自由联想。但即使多了这几个条件，从第十四章的介绍也可清楚看出，每一个梦仍然可能有两种甚至三种以上的不同解释。这些解释并没有"对错"之分，甚至也没有"优劣"之别，因此，对一个自己认为深具意义的梦，不妨多参考几种不同的解释，然后再选择"对自己最具启示性"的那一种解释。

3. 以欣赏、赞叹的眼光来看梦

不要汲汲于思索梦的意义，或想从梦中获得什么启示。比较健康而且比较有趣的梦观应该是将梦视为展现自己心灵视野中的夜间风景，其间有数不尽的奇花异草，"此景只应梦中有，人间能得几回见？"像欣赏尘世美景般，抱着纯欣赏的心情去看它们。或者将它们视为在自己的心灵电影院放映的午夜场电影，有喜剧、悲剧，也有恐怖片、科幻片等，令人目不暇接；自己不仅是唯一的观众，而且还是导演、编剧兼演员，首先，我们就得为自己居然能有这么杰出的能力发出赞叹之声。

一个演员在电影里扮演恶棍、圣徒、懦夫或淫妇，并不表示他（她）在现实生活里就是（或想做）恶棍、圣徒、懦夫或淫妇。每一个人都能分清电影与真实人生的异同，自然也应该能划清梦境与真实人生的界限。而对梦的解释，当然也像电影评论般，不限于一种，但每一种都能使这部电影显得更丰饶。

"另一种人生"无法取代真实人生

在马来半岛的中部山区中，有一个叫特米亚（Temiar）的原始部族，他们有一种独特而惊人的本领，能在梦中解决白天清醒生活中的某些问题。每天早上，大家聚在一起，热烈地讨论着昨天晚上各自所做的梦，而部族的首领就像一个原始的心理治疗师，一一为他们做的梦解析。这个部族中的每个人从小就被训练要去控制自己在夜里的梦思，甚至要主动诱发各式各样的梦。通过这些"预先安排"的梦境，他们能免除很多清醒生活中的恐惧，而使存在于部族中的冲突大大地降低。譬如他们能随心所欲地梦见他们击败了敌人，从梦中的胜利所获得的安全感使他们不必发动真正的战争。邻近的部族都对特米亚族这种建立于梦中的自信感到不可思议，而不敢随便加以挑衅。

特米亚人这种"善于做梦"的能力，很像我们在第十一章介绍的"清醒梦"。除了清醒世界、睡眠世界外，特米亚人还拥有一个充满创意的"梦世界"，对他们来说，睡眠不只是为了休息，梦也不只是有待遗忘的混乱思想而已，梦为他们提供了体验另一个不同世界的机会，而从那个世界所获得的知识又转而回馈他们的现实生活。

相信很多人会对特米亚人的这种能力感到嫉妒，但我们不要忘了，特米亚人是"落后民族"，也许因为太会做梦，太耽溺于梦了，所以缺少文明建树。"另一种人生"毕竟无法取代现实人生，所以奉劝各位，在梦醒之后，还是刷牙洗脸，准备开始一天的工作吧！